建筑领域绿色低碳发展技术路线图

Technique Roadmap for Green and Low Carbon Development of Urban-rural Construction

主　编：周海珠　李以通　李晓萍
副主编：张成昱　魏　兴　陈　晨

中国建筑工业出版社

《建筑领域绿色低碳发展技术路线图》

主　　编：周海珠　李以通　李晓萍

副 主 编：张成昱　魏　兴　陈　晨

参编人员：林常青　毛　凯　成雄蕾　李小冬　高亚锋

黄志锋　吕慧芬　吴培浩　周立宁　丁宏研

杜明凯　祁　冰　姬　颖　王　海　程　响

黄金鑫　傅少鹏　郭　玲　韩明勇　马晓琳

郑良基　刘　晶　徐迎春　林丽霞

中国建筑科学研究院有限公司

住房和城乡建设部标准定额研究所

序

世界气象组织发言人克莱尔·努利斯在 2020 年气候雄心峰会召开前表示，人类正处于所居住星球的一个转折点，当世界各国从新冠肺炎疫情中恢复之际，必须建设更加绿色、更具抵御能力的环境。她强调："大气中的温室气体浓度破纪录，《巴黎协定》通过以来的五年是有记录以来最热的五年，气候变化继续对北极产生破坏性影响，难以想象 30 年后北极还能像今天一样。"

近十年来，中国成为世界碳排放量第一大国，碳减排工作潜力巨大。2020 年 9 月，国家主席习近平在第七十五届联合国大会上指出，中国将提高国家自主贡献力度，二氧化碳排放力争 2030 年前达到峰值，努力争取 2060 年前实现碳中和。我国成为发展中国家中第一个承诺碳排放峰值的国家，并且碳达峰到碳中和时间远短于美国和欧盟国家。

城乡建设领域是国家"双碳"目标实现的最大应用场景，建筑是人民群众工作和生活的主要空间载体，构建城乡建设领域碳达峰碳中和时间表及路线图、推进建筑绿色低碳转型成为国家"双碳"战略全面开展的重要途径。2021 年，中共中央和国务院相继发布了多部碳达峰碳中和工作意见，《关于推动城乡建设绿色发展的意见》明确提出到 2035 年，城乡建设全面实现绿色发展，碳减排水平快速提升，城市和乡村品质全面提升，人居环境更加美好；《关于完整准确全面贯彻新发展理念做好碳达峰碳中和工作的意见》要求提升城乡建设绿色低碳发展质量，包括推进城乡建设和管理模式低碳转型、大力发展节能低碳建筑、加快优化建筑用能结构；国务院关于印发《2030 年前碳达峰行动方案》的通知（国发 2021〔23〕号）提出城乡建设碳达峰行动，包括推进城乡建设绿色低碳转型、加快提升建筑能效水平、加快优化建筑用能结构、推进农村建设和用能低碳转型。

我国全社会碳排放主要来自能源、工业、交通和城乡建设四个领域。2019 年我国城乡建设领域总体碳排放占全社会的 40% 左右，建筑运行中使用化石能源产生的直接碳排放约占全社会的 10%，建筑建造及运行中用电、用热产生的间接碳排放约占全社会的 14%，使用建材产生的隐含碳排放约占全社会的

16%。自 2005 年以来，建筑运行碳排放总量呈现持续增长趋势，2019 年达到 20 亿 t 左右，其中公共建筑（包含集中供暖）占比 39%、城镇居住建筑（包含集中供暖）占比 43%、农村居住建筑占比 18%。随着我国经济总量的快速增长以及人民日益增长的美好生活需求，建筑领域碳达峰碳中和形势十分严峻。

根据我国国情和建筑用能特点，建筑领域四大用能分项包括：北方城镇集中供暖、公共建筑（不包括城镇集中供暖）、城镇住宅（不包括城镇集中供暖）和农村住宅。本研究在全国范围内筛选四大用能分项中具有绿色低碳发展代表性的热电联产及分布式热泵项目、被动式超低能耗项目、装配式农宅等典型优秀案例，基于典型项目关键技术应用及实际效果，总结提炼不同气候区、不同建筑类型的适宜技术体系。在此基础上构建了不同用能分项、不同发展阶段（2021～2025 年，2026～2035 年，2036～2060 年）、包含政策机制、标准规范、技术体系和市场模式等内容的建筑领域绿色低碳发展技术路线图。

本研究涉及内容广、专业多、数据大，加之编写时间紧张，仍然有一些不足之处，广大读者的任何建议都是对我们莫大的支持和鼓励。相信本书的出版将推动我国城乡建设领域碳达峰碳中和目标实现，为我国建筑领域高质量发展作出贡献。

前　言

　　近年来，全球能源资源消耗以及碳排放量始终保持增长态势，由此引发了全球气候变暖、海平面上升、极端灾害天气频发等一系列严重问题。2015 年全球 195 个国家通过了历史上首个关于气候变化的全球性协定——《巴黎协定》，达成了"将全球平均气温增幅控制在低于 2℃的水平，并向 1.5℃温控目标努力"的一致目标。2020 年在第七十五届联合国大会上，习近平主席做出庄严承诺，二氧化碳排放力争于 2030 年前达到峰值，努力争取 2060 年前实现碳中和，这是我国第一次在全球正式场合提出碳中和计划时间表。随着城镇化水平大幅提高，我国建筑领域进入高速发展阶段，建筑面积和能耗增长迅速，并具有影响因素多、类型差异大、涉及范围广的客观属性。基于我国社会经济文化发展目标和各类建筑发展需求，展望碳达峰、碳中和带来的新机遇、新挑战，科学、系统地推动建筑领域绿色低碳发展，需要进行深入探讨并从顶层设计角度规划好中长期发展目标与技术路线图，既为建筑领域发展提供前瞻性、系统性的顶层路径设计指导，又为其提供可落地、相适应的技术路径和保障措施。

　　本书首先系统梳理了我国建筑领域绿色低碳发展现状，并总结欧洲、美国、日本以及主要发展中国家的绿色低碳发展政策、标准、技术和模式等。其次，采用情景分析法对我国建筑面积、运行能耗以及碳排放总量进行预测，基于预测结果确定 2021～2060 年建筑领域绿色低碳发展总体目标：建筑面积预计在 2035 年左右达峰，总量约为 900 亿 m²，到 2060 年控制在 850 亿 m² 左右；运行能耗总量在 2035 年达峰，消耗量约为 19 亿 t 标煤，到 2060 年逐渐下降至 15 亿 t 标煤左右；运行碳排放总量预计在 2030 年达峰，峰值约为 26 亿 t CO_2，到 2060 年逐渐下降至 10 亿 t CO_2 左右。围绕北方城镇集中供暖、公共建筑、城镇住宅和农村住宅四个关键用能分项，按照近期（2021～2025 年）、中期（2026～2035 年）、远期（2036～2060 年）三个时间段分解建设发展总体目标，分别建立了针对性、差异化的阶段发展目标及技术实施路径。最后，进一步建构了涵盖政策法规体系、实施机制体系、技术标准体系和市场机制体系的政策建议。整体形成耦合国家战略、多目标约束、关键用能分项、分阶段递进的我国建筑领域绿色低碳发展技术路线图，系统、科学、分类指导我国建筑领域绿色低碳发展，对推进我国建筑领域绿色低碳发展具有深远意义。

本书出版受"十三五"国家重点研发计划课题"绿色低碳发展技术路线应用及案例分析"（2018YFC0704406）资助，特此致谢。

目　录

1
建筑领域绿色低碳发展背景

自工业革命以来，人类文明进入了空前繁荣的发展阶段，人类活动消耗的能源资源与日俱增。近十年间，全球能源资源消耗以及碳排放量始终保持增长态势，尤其是 2018 年，全球一次能源消费增长率达到 2.9%[1]。快速的能源消耗导致碳排放量与日俱增，由此引发了全球气候变暖、海平面上升、极端灾害天气频发等一系列严重问题，给世界环境和经济造成了巨大破坏，人类面临前所未有的生存威胁和挑战。

严峻的资源环境形势使全球多个国家纷纷意识到应对挑战的紧迫性。2015年，全球 195 个国家通过了历史上首个关于气候变化的全球性协定——《巴黎协定》，达成了"将全球平均气温增幅控制在低于 2℃的水平，并向 1.5℃温控目标努力"的一致目标。2020 年，在第七十五届联合国大会上，习近平主席做出庄严承诺，中国二氧化碳排放力争于 2030 年前达到峰值，努力争取 2060 年前实现碳中和，这是我国第一次在全球正式场合提出碳中和计划时间表。同年12 月，习近平主席在气候峰会上再次提出："到 2030 年，中国单位国内生产总值二氧化碳排放将比 2005 年下降 65% 以上，非化石能源占一次能源消费比重将达到 25% 左右，森林蓄积量将比 2005 年增加 60 亿立方米，风电、太阳能发电总装机容量将达到 12 亿千瓦以上。"这一系列的行动彰显了我国在应对气候变化、控制碳排放、绿色低碳发展的坚定决心。建筑领域是社会能源消耗的重点领域之一，探索建筑领域绿色低碳发展模式、研究绿色低碳发展技术路线，是建筑领域落实碳减排、碳达峰战略的必由之路，也是推进建筑领域可持续发展的必然选择。

1.1 全球绿色低碳发展态势

1.1.1 能源消费现状

（1）能源消耗态势

全球能源消耗长久以来始终是以石油、煤炭、天然气为主。从能源资源消费结构来看，根据实际能源资源的生产消费统计，石油、煤炭、天然气在过去 30 年里，总消费占比都超过 80%，其中石油消费近年来呈下降趋势，但仍然以超 30% 的占比居于首位；水电、核能和可再生能源消费占比基本维持在10% ~ 20%，如图 1.1-1 所示。

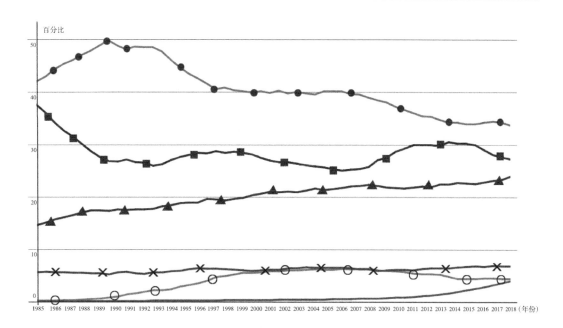

图 1.1-1 1985～2018 年世界一次能源消费占比
（资料来源：《世界能源统计年鉴》）

从能源资源消费趋势来看，总体呈现快速增长的态势，2008～2018 年，全球一次能源消耗增长了近 20%，2018 年全球一次能源消耗达到 13864.90 万 tce，增长率达到 2.9%，几乎是近十年能源消耗平均增长率（1.5%）的两倍。

从一次能源的燃料消费量来看，煤炭、石油、天然气等全球一次能源消费量在 1993～2018 年的 25 年间均处于增长态势（除 2008～2009 年全球金融危机引起经济下滑造成能源消费下降外），如图 1.1-2 所示。此外，各类能源需求均处于增长态势，天然气增量达 1.68 亿 tce，占全球增长的 43%；可再生能源增量达 7100 万 tce，占全球增长的 18%[1]。

总体来看，世界能源资源消费主要呈现三种态势：一是世界一次能源消费总量快速增长，除可再生能源外，所有的能源消耗增速均高于近十年的平均增速；二是以石油、天然气、煤炭为主的化石能源依然在消费中占绝对的比重，2018 年全球石油消费量较 2017 年增长 1.2%，天然气消费量较 2017 年增长 5.3%，煤炭消费量较 2017 年增长 1.4%；三是可再生能源的消费增长迅速，2018 年可再生能源消费量较 2017 年增长 14.5%，而 2017 年较 2016 年增长 16.4%[1]。

（2）碳排放态势

近年来，全球碳排放量增长速度和总量惊人。联合国政府间气候变化专门

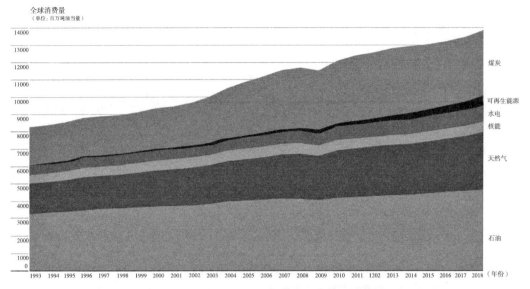

图 1.1-2　1993～2018 年世界一次能源消费量

（资料来源:《世界能源统计年鉴》）

委员会（IPCC）的统计结果显示，全球每年因化石燃料燃烧引起的二氧化碳排放约为 237 亿 t，如今大气中的二氧化碳水平比过去 65 万年高了 27%。

《世界能源统计年鉴》显示，来自石油、天然气和煤炭的燃烧而产生的碳排放，在 2008～2018 年的 10 年间呈现急剧增长的态势。2018 年，全球能源消费和使用能源过程中产生的碳排放达到了 338.9 亿 t，较 2017 年增长了 2%[1]，其增速达到了自 2010 年以来的最高水平，如图 1.1-3 所示。

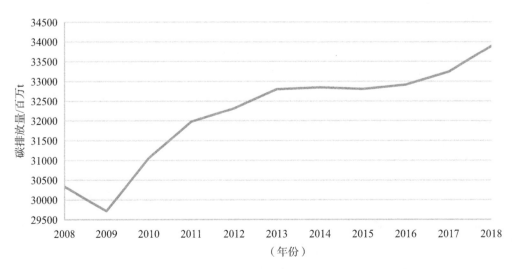

图 1.1-3　2008～2018 年全球能源消费和使用过程中的碳排放量

（资料来源:《世界能源统计年鉴》）

（3）人均能源消耗

根据统计年鉴和相关统计数据，世界能源消耗总量、人口总量均呈现逐年增长的态势，以人均一次能源消费量反映世界能源消耗总体发展态势更为准确直观。

世界人均一次能源消费量总体保持平稳增长。2011 年，世界人均一次能源消费量为 1.88tce，与 2010 年持平，1990 ~ 2011 年年均增长 0.6%。OECD（Organization for Economic Co-operation and Development，经济合作与发展组织）国家人均为 4.20tce，1990 ~ 2011 年几乎无变化。随着经济的发展和生活水平的提高，非 OECD 国家人均一次能源消费量快速增加，2011 年达到 1.3tce。总的来看，在 1993 ~ 2018 年的 25 年间始终处于较为平稳的状态，这与全球人口的不断增长有关。但近年来，人均能源消费量较过去呈现显著增长，如图 1.1-4 所示，2018 年全球人均能源消费增长 1.8%，增速显著高于 0.3% 的历史平均水平。

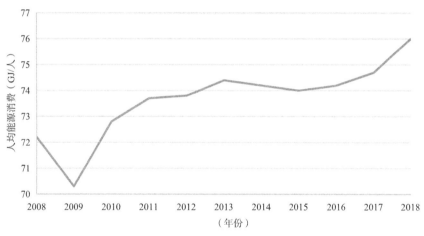

图 1.1-4　2008 ~ 2018 年全球人均能源消费量
（资料来源：《世界能源统计年鉴》）

（4）人均碳排放

人均碳排放是被广泛使用的衡量碳排放水平的重要指标，由于人口数量的增加，世界人均碳排放量近十年来处于较为平稳的发展态势，随着近年来世界对于全球变暖和碳排放的关注，人均碳排放量开始在一定范围内波动并呈现整体下降的趋势，如图 1.1-5 所示。

由于世界各国经济发展水平和发展阶段存在差异，其人均碳排放量也各自存在明显的特征，如图 1.1-6 所示。美国、加拿大、澳大利亚是人均碳排放量最高的几个国家，但近年来有明显下降趋势；欧洲发达国家人均碳排放量趋于稳定，中国人均碳排放量自 2005 年起超过全球平均水平，近年来处于缓慢上升态势，但依然低于发达国家。

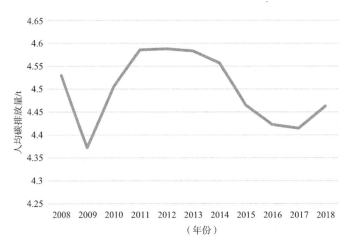

图 1.1-5　2008～2018 年全球人均碳排放量

（资料来源:《世界能源统计年鉴》）

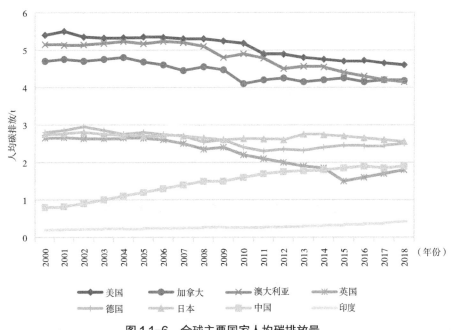

图 1.1-6　全球主要国家人均碳排放量

（资料来源:《世界能源统计年鉴》）

1.1.2　建筑领域能耗现状

（1）城镇化发展态势

世界范围内的城镇化将带来城市社会经济发展和城镇人口增加，以及大规模的城市基础设施和建筑物建设,这将直接引起能源消耗和建筑领域能耗增长,因此,城镇化率和城镇人口的发展态势与建筑领域能耗的发展态势息息相关。

根据联合国发布的《2018 年版世界城镇化展望》,2018 年城市人口占世界总人口的 55%,较 2014 年增长了 1%,而在 1950 年,城市人口所占比例仅为 30%,世界城镇化水平在过去半个多世纪保持了高速的增长,而联合国预计到 2050 年,将有 68% 的人口居住在城市 [2]。

世界范围内,北美是城镇化程度最高的地区,有 82% 的人口居住在城市地区,拉丁美洲和加勒比地区(81%)、欧洲(74%)和大洋洲(68%)城镇化水平也较高。亚洲的城镇化水平相对较低,接近 50%;非洲地区城镇化程度最低,仅有 43% 的人口生活在城市地区。未来世界城镇人口规模的增长预计将高度集中在少数几个国家,预计到 2050 年,中国、印度等少数国家的城市人口增长将占世界总城市人口增长的 35%,全球城市人口将增加 25 亿,近 90% 的增长发生在非洲和亚洲。

(2)建筑业发展态势

世界范围内的城镇化进程和发展,带来建筑业的持续繁荣。根据世界经济论坛的数据,建筑业在全球拥有超过 1 亿的就业人数,占全球 GDP 的 6%。更具体地说,建筑业增加值约占发达国家 GDP 的 5%,在发展中经济体占 GDP 的 8%。到 2040 年,全球基础设施投资每年估计为 3.7 万亿美元。世界建筑市场的规模在不断扩大,据市场调查企业 Statista 的数据显示,世界建筑市场的规模从 2014 年的 9.5 万亿美元增长至 2019 年的 11.4 万亿美元,2014 ~ 2019 年的年均复合增长率为 3.71%。在美国、日本、欧盟、中国等国家,建筑业始终是国民经济发展的支柱性行业。

根据牛津经济研究院的预测,2030 年全球建筑业产出总额将较 2014 年增长 85%,达到 17.5 万亿美元,年复合增长率达 3.9%。2016 ~ 2030 年全球建筑业累计产值有望达到 212 万亿美元。

世界建筑业的蓬勃发展态势、庞大的市场规模和良好的市场前景,都预示着未来世界建筑总量将在较长一段时间内处于增长态势,由此也为世界建筑领域的节能减排增加了难度。

(3)建筑能耗总量与建筑碳排放

世界城镇化水平的不断提高,带来建筑总量的增长和城市人口的不断增加,世界建筑领域能耗总量也随之不断提高。1971 ~ 2010 年,建筑业的全球能源消耗翻了一番,达到 279400 万 tce;而近十年来,随着人口增长和建筑物数量的持续增加,建筑能耗将进一步增加,由此造成能源供应压力增大。根据国际能源署(IEA)在 2012 年的预测分析,预计到 2035 年,建筑行业的全球能源需求将继续增长并超过 360000 万 tce。目前，全球建筑能源消耗已超过工业和交通方面，占到总能源消耗的 41%。

从全球建筑能耗分布的局面来看，建筑能耗集中在少数发达国家。根据国际能源署（IEA）在《世界能源展望》中的统计数据，美国、欧洲 OECD 国家、日本的建筑能耗占世界建筑能耗总量的 50%。随着近年来中国经济的飞速发展，中国建筑能耗所占比重也逐年增长，基本在 20% 左右，全球建筑能耗分布状况如图 1.1-7 所示。

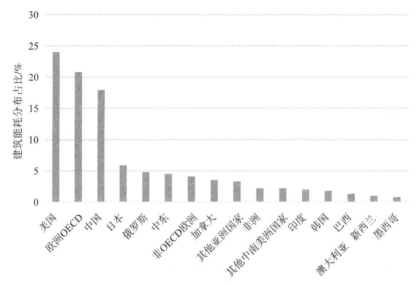

图 1.1-7　全球建筑能耗分布状况

（资料来源：国际能源署 IEA，《世界能源展望》）

建筑成为不容忽视的碳排放领域。伦敦大学学院（UCL）和欧洲建筑性能研究所（BPIE）编制的《2020 全球建筑现状报告》着重对建筑碳排放进行了分析，认为 2019 年，建筑行业的发展偏离了《巴黎协定》的 2℃ 温控目标。虽然 2019 年全球建筑的能源消耗总量与 2018 年相比保持在相同的水平，但 CO_2 的排放却达到了迄今为止的最高值。2019 年全球建筑 CO_2 排放总量约为 10 亿 t，占到了全球能源相关的碳排放总量的 28%，若加上建筑工业部分（整个工业中用于制造建筑材料，如钢铁、水泥和玻璃的部分）的排放，这一比例将上升到 38%[3]。建筑碳排放增加的主要原因，一是在建筑运行阶段，冬季供暖和烹饪直接使用煤炭、石油和天然气等化石能源造成的直接碳排放；二是在以煤炭作为电力来源的地区，建筑在建造和使用阶段所消耗的电力导致的间接碳排放，最终导致建筑部门直接排放水平稳定,但间接排放(即电力)不断增加(图 1.1-8)。

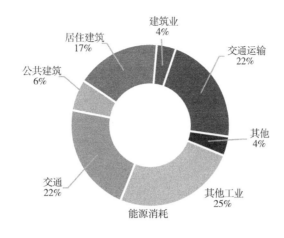

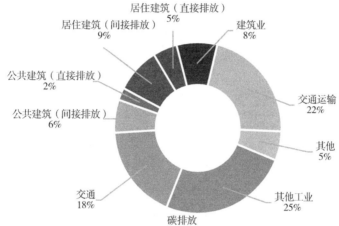

图 1.1-8　2019 年建筑最终能源消耗量与碳排放的全球份额

注：建筑业是指建筑材料制造业在整个行业中所占的比重（估计数），如钢铁、水泥和玻璃。

间接排放是发电和商业热的排放。

（资料来源：《2020 年全球建筑现状报告》）

2014 年我国人均建筑碳排放 2.15t CO_2/ 人，其中：环渤海区域北京（5.88）、天津（3.97）、河北（2.63）、山西（3.31）、山东（2.29）、内蒙古（7.40），东北区域辽宁（3.47）、吉林（2.68），西北区域陕西（2.46）、宁夏（2.70）、青海（2.67）、新疆（5.33），这些地方人均建筑碳排放水平均超出全国平均水平。冬季供暖的碳排放是北方各省市建筑碳排放高于南方地区的主要原因[4]。建筑领域的节能减排形势较为严峻。为了在 2050 年实现建筑领域的净零碳排放，国际能源署估计，到 2030 年，建筑部门的直接 CO_2 排放量需要减少 50%，间接 CO_2 排放量需要减少 60%，这些目标需要建筑部门 CO_2 排放量在 2020 ~ 2030 年以每年 6% 左右的速度下降。

（4）人均建筑能耗

虽然世界人口不断增加，但由于科技的进步和经济的发展，人类在生产生活中所使用的各类高耗能电力设备的需求也逐渐增加，尤其在美国、加拿大等发达国家，虽然人口数量在世界占比相对不高，但其人均建筑能耗却处于较高的水平。根据国际能源署（IEA）公布的数据，2009 年世界主要国家和地区的人均建筑能耗状况如图 1.1-9 所示。

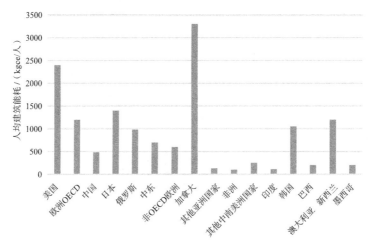

图 1.1-9　世界主要国家和地区的人均建筑能耗（2009 年）

（资料来源：国际能源署 IEA）

　　从世界主要国家和地区的人均建筑能耗来看，发展中国家的单位面积和人均能耗明显低于发达国家，但是发达国家能耗水平也存在差异，欧美国家强度最高。世界主要国家和地区建筑能耗总量（圆圈大小表示）以及单位面积能耗强度（纵坐标）和人均能耗强度（横坐标）如图 1.1-10 所示。

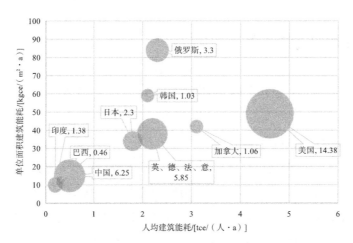

图 1.1-10　世界主要国家和地区能耗强度及总量比较（2010 年）

（资料来源：《中国建筑节能路线图》）

1.2 国外建筑领域绿色低碳发展经验

1.2.1 欧洲

欧洲主要国家绿色低碳建设发展较早，在建筑节能等方面处于世界领先地位，整体形成了欧盟关于能源、绿色低碳、气候变化等公约和共同指令框架下多国多元化发展的模式。

（1）欧盟

欧盟是由欧洲部分主权国家共同组成的经济共同体，其组织形式和政治特性决定了其发展途径，主要通过颁布一系列相关政策法令以及设立具有约束性的战略目标来促进和指导各国建筑领域的绿色低碳发展。

2002年12月，欧洲议会和欧盟理事会通过了《建筑能效指令2002/91/EC》[8]，并于2006年1月4日在25个欧盟成员国立法。2007年2月，欧盟设定了中长期节能减排目标，即到2020年，在提高能效方面，初级能源消耗量比目前节约20%，温室气体排放量比1990年降低20%。2010年6月，欧盟通过了新的《建筑能效指令2010/31/EU》，取代原《建筑能效指令2002/91/EC》，新的建筑能效指令直接设定建筑能效目标，要求成员国从2020年12月31日起，所有的新建建筑都是近零能耗建筑。2016年11月，欧盟委员会宣布了清洁能源一揽子计划，包括八项促进欧盟清洁能源转型的建议[8]。2018年5月，完成最新版《建筑能效指令EU 2018/844》，要求成员国必须制定长期战略，全面脱碳并大幅减少全部住宅和非住宅建筑的能源消耗[5]。欧盟委员会2019年12月公布了"绿色新政"，围绕碳中和目标提出了7个重点领域的关键政策与核心技术并制定了详细计划，实现整个欧盟2050年净零排放的战略目标。欧盟委员会将推出《绿色筹资战略》，欧盟气候银行、欧盟投资银行等都将提供进一步的资金支持（图1.2-1、图1.2-2）。

图 1.2-1 欧盟相关政策法令颁布时间线

欧盟一系列政策机制建立了欧洲绿色低碳发展的总纲及目标，为区域绿色低碳发展制定了目标并指明了方向，欧洲主要国家在此指引下制定了符合本国实际情况和发展需求的建筑领域绿色低碳政策制度。此外，通过系列法令的颁布，对各国建筑的能效实现约束。

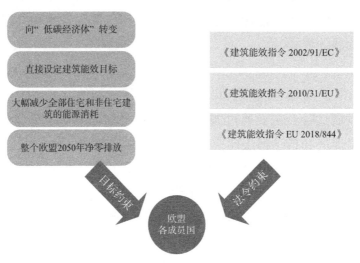

图 1.2-2　欧盟绿色低碳发展模式

（2）英国

英国是最早开始工业化的国家，也是最早意识到节能低碳对于可持续发展重要性的国家之一，作为低碳发展理论的先行者，英国重视理论实践创新，在政策、标准等方面具有丰富的实践经验。

1）政策机制

政策法律方面，英国加大了国内建筑节能的发展力度，在 1972 年版的《建筑条例》中首次设置了节能篇，其后每隔几年都会对建筑条例进行修改，不断提高建筑节能要求。2002 年欧盟颁布 EPBD2002 后，英国据此专门制定了《建筑能效标识和检验条例》。2008 年颁布《气候变化法案》规定政府必须致力于削减 CO_2 以及其他温室气体的排放，到 2050 年减排 80%；2010 年欧盟出台 EPBD2010，英国依据欧盟政策以及英国《欧洲共同体法》的相关条文制定实施了《建筑能效条例》。2017 年 10 月下旬，英国政府宣布了一项以能效为核心的清洁增长战略，其中包括到 2030 年将商业建筑和工业的效率提高至少 20% 的措施。

在金融政策方面，英国政府制定了包括推行能源证书制度、开征能源税、税收减免、节能补贴等在内的系列财税政策。根据出台的《建筑能效法规（能源证书和检查制度）》[*Energy Performance of Buildings* (*Certificates and Inspections*) *Regulation*]，对建筑能效证书制度实行强制推行，要求所有的建筑在施工期，对建筑的能效性能进行评价，或者每十年更新时进行重新评价；建筑能效证书包括住宅建筑能效证书（EPCs）、公共建筑展示能效证书（DECs）两种。英国所有电费中都包含有 2.2% 的化石燃料税，用于可再生能源发电的补贴。英国政府资助的节能信托基金为住宅节能改造计划提供补助，为节能设备投资和技术开发项目提供贴息贷款或免（低）息贷款等。

2）标准技术体系

标准体系建设方面，英国的《可持续建筑规范》含有对可持续建筑评价分级的内容。该规范将可持续建筑分为六级，第六级是最节能、可持续水平最高的建筑，被认为达到"零碳"水平。评价内容包括能源和 CO_2 排放、水和材料、地表水径流、垃圾、污染、健康和舒适、能源管理和建筑生态等几个方面，类似于我国的绿色建筑评价。自 2008 年开始，英国所有的新建保障住房必须达到可持续建筑的三级水平，而对于商业开发建筑，可以自愿申请是否进行分级评价。

英国针对房屋的能源消耗效率评估表 EPC（Energy Performance Certificate）将房屋能源消耗效率分为 A 到 G 7 个等级 [6]。2018 年，英国政府规定所有新的租赁公司必须达到 E 的最低能源性能等级，凡是低于此等级的房产，将无法用于出租，并有希望最终将最低等级提高到 C。

1990 年英国建筑研究所（BRE）创造性地制定了世界上第一个绿色建筑评估体系 BREEAM（Building Research Establishment Environmental Assessment Method），开创了城市建设领域的绿色低碳标准的先河。BREEAM 评价体系不仅对建筑单体进行定量化客观的指标评估，并且考量建筑场地生态，从科学技术到人文技术等不同层面关注建成环境对社会、经济、自然环境等多方面的影响。截至目前，BREEM 涵盖了多个方向，并由单栋建筑的评价向改造和社区等方面发展。主要包括：新建建筑 BREEAM New Construction（包括办公、零售、学校、医疗保健、工业建筑、居住建筑、法院等）、使用中建筑 BREEAM In-Use、建筑改造 BREEAM Refurbishment、社区 BREEAM Communities。BREEAM 是世界上第一个，也是全球范围广泛使用的绿色建筑评估方法之一。

英国标准协会 2010 年发布了 PAS2060，这是全球第一个碳中和认证的国际标准，可适用于各种类型的组织（例如商业组织、地方政府、社区、学术机构、会所和社会团体、家庭和个人）及各种主题（例如活动、城镇或城市、建筑或产品），是一个所涉甚广的标准框架。该标准提出了达成碳中和的三种可选择方式: 基本要求方式、考虑历史已实现碳减排的方式、第一年全抵消方式。同时，该标准对实现碳中和的抵消信用额进行了明确规定（图 1.2-3）。

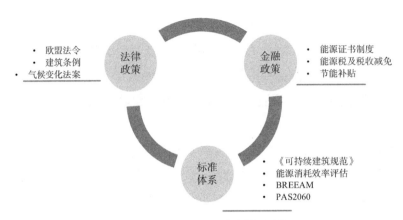

图 1.2-3　英国建筑领域节能低碳体系

（3）德国

德国是欧盟的主要成员国之一，是欧洲国家中发展最为迅速的经济体，也是工业化程度非常高的国家。在欧盟各国中，德国在绿色低碳发展方面处于领先地位，在建筑领域德国也积极寻求绿色低碳的转型，非常重视相关政策法律和技术开发。

1）政策机制

德国的低碳减排政策体系和低碳建筑法规体系都较为完善，1976 年便颁布了第一部节能法规《建筑节能法》，首次以法律的形式要求新建建筑必须采取节能措施，要求建筑开发商出具建筑物的能源消耗证明。在该法律框架下，衍生出了一系列建筑节能条例，如《建筑保温条例》《供暖设备条例》，这些法律规定了建筑不同方面的节能要求，促进建筑减少碳排放。2002 年，整合上述两个条例出台新的《建筑节能条例》，该条例制定了建筑材料生产的能耗标准，规范了供暖设备的节能技术指标和建筑材料的保温性能。2007 年版《建筑节能条例》推出了可操作程度高的建筑能耗证书体系，对建筑的一次性能源消耗量做出了要求，用于更准确地衡量建筑物的能源消耗，有利于统筹能源生产与使用，控制建筑的温室气体排放[4]。目前《建筑节能条例》已更新至 2016 版，是德国建筑低碳化最为重要的一项法律法规。

2）标准技术体系

德国在建筑节能技术方面处于领先地位，其被动房的研究和实践是目前全球节能低碳建筑的典范。德国于 1988 年第一次提出了"被动房"的概念，并得到迅速的发展。被动房采用各种节能技术构造最佳的建筑围护结构，提高建筑保温隔热性能和气密性，使热传导损失和通风热损失最小化；通过各种被动式建筑手段来尽可能实现室内舒适的热湿和采光环境，最大限度降低对供暖和制冷系统的依赖或完全取消这类供暖和制冷设施。如建筑在冬季仅靠太阳辐射得热、室内设备和人体散热就可以满足 90% 以上室内供暖需求，从而大大降低了一次能源的消耗。通过 10 多年的研究和实践，德国已建成 1 万多套被动房，并确立了包括能耗指标和舒适度指标的技术标准要求。德国被动房标准不仅能耗超低，而且室内舒适度明显高于我国现行规范要求。

除了被动房的技术和标准，德国可持续建筑委员会于 2006 年推出了德国可持续建筑评价标准（DGNB），目前最新版为 2018 年版。和美国的绿色建筑评价标准 LEED 类似，DGNB 也是由非政府组织推出的自愿性标准。该标准以建筑全生命期为关注点，评价对象不仅覆盖住宅建筑、工业建筑、办公建筑等多种建筑业态，还包括城市街区、办公商业区、工业区等，从经济、生态、功能、技术、过程、选址六个评价指标出发，最后根据建筑物总得分的多少确定绿色建筑等级，将可持续发展、减少能源消耗和温室气体排放的理念融入建筑，推动建筑行业节能减排、减少污染、降低成本，实现建筑行业的可持续发展（图 1.2-4）。

图 1.2-4　德国建筑领域节能低碳核心体系

1.2.2　美国

作为全球最发达的国家，美国在各个领域的能源资源消耗量是极其惊人的，美国也是全球人均能源消耗量和碳排放量最大的国家，而且美国人均居住面积居世界首位，因此其建筑业的能源资源消耗所占比重较大。环境污染问题和资源能源消耗问题逐渐开始制约美国的经济发展，美国在 20 世纪初期就开始探索并实施绿色低碳化的发展道路，并在建筑的绿色低碳化方面取得了一定的成果和经验。

（1）政策机制

全球性的能源危机迫使美国联邦政府开始制定节能政策、行业和产品标准，以立法的形式制定强制性的最低能效标准。在政策机制方面，美国政府于 1975年颁布实施了《能源政策和节约法》，要求联邦政府实施节能计划。1977 年 12月官方正式颁布了《新建筑物结构中的节能法规》，在 45 个州推广并取得很明显的节能效果。1978 年出台的《节能政策法》建立了住宅建筑节能程序体系。1992 年制定了《国家能源政策法》，提出具体的建筑降耗目标：2000 年在 1985年的基础上降低建筑能耗的 20%，并建立"联邦节能基金"。2005 年和 2007年分别出台了《国家能源政策法案》和《节能建筑法案》，构建了关于建筑节能先进技术和制度的商业应用程序与示范，明确规定了实验性的节能建筑认证程序 [6][7]。美国各州或市对于建筑节能也建立了不同的法规或政策，如纽约市提出了第一个要求现有建筑减少排放的城市法规，目标是到 2050 年将排放量减少 80%。

同时，美国制定了建筑节能激励政策。联邦政府层面对新建建筑实施税收减免政策，凡在国际节能规范（IECC）标准基础上节能 30% 以上或 50%以上的新建建筑，每套可分别减税 1000 美元和 2000 美元。地方政府层面有所不同，州政府和地方政府主要采用减少检查和获得许可证的费用、税收抵免、提高审批效率等方式。早在 1978 年颁布的《能源政策法》中就详尽地规定了建筑节能的经济支持问题。激励政策的发布也推动了美国建筑节能的发展。

美国节能管理部门主要包括中央政府管理部门和地方政府节能管理部门。美国能源署是美国最主要的能源政策制定及管理部门。地方政府节能管理部门主要负责政府节能政策的实施及管理工作。除强制性的最低能源效率标准外，美国还提倡自愿的节能标识，比较有影响力的环境标识主要有能源之星、能源指南、AGPC 绿色环境标识和 LEED 认证绿色建筑标识等。还制订了市场准入制度对新的建筑节能进行全程监督，建筑节能监督管理工作贯穿从设计到施工直至验收的全过程。

（2）标准技术体系

在标准技术体系方面，美国的建筑节能研究工作，是以国家标准局（NBS）研究所为主，在最低能效标准规范方面，制定了 IECC（国际节能规范）2000标准和 ASHRAE 标准，对低层住宅、高层建筑和商用建筑能源性能等方面做了强制性要求。零能耗建筑被作为未来建筑能耗影响（化石燃料消耗、温室气体排放）的终极解决方案在美国得到积极推广，并逐渐成为美国节能建筑发展的主要方向。2015 年，美国能源部发布了零能耗建筑的通用定义，并同时定义了"零能耗建筑园区""零能耗建筑群"和"零能耗建筑社区"的概念。同年 3 月，美国政府颁布了《未来十年联邦可持续发展规划（13693 号行政令）》，要求自 2020 年起，所有新建的建筑须以零能耗建筑设计为导向，至 2030 年所有新建联邦建筑均实现零能耗目标。2018 年 4 月，美国 Architecture 2030 组织发布《零碳建筑规范》，该规范目前已被美国加利福尼亚州政府采用。

1998 年，美国绿色建筑协会建立并推行的能源与环境设计先导评价标准《绿色建筑评估体系》（*Leadership in Energy & Environmental Design Building Rating System*，国际上简称 LEEDTM），是目前世界各国各类建筑环保评估、绿色建筑评估以及建筑可持续性评估标准中最完善、最有影响力的评估标准。LEED 标准体系涵盖范围很广，不仅包括各种类型的建筑和建筑的全生命期，还包括对社区规划和发展的评估[7][8]。LEED 评价要素包括 6 大项评估指标，其中每个大项包括 2 ~ 8 个评价子项，共 41 个指标，每个维度指标的分值不同，依次是能源利用与大气保护（Energy & Atmosphere）、室内环境质量（Indoor Environmental Quality）、可持续场地评价（Sustainable Sites）、材料与资源（Materials & Resources）、建筑节水（Water Efficiency）、创新和设计进步（Innovation & Design Process）。目前，LEED 认证项目遍及全球 103 个国家，超过一万个认证项目，超过四万个注册项目，成为全球推广应用最为广泛、商业化最成功的绿色评价标准（图 1.2-5）。

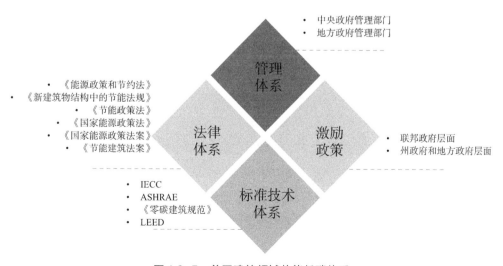

图 1.2-5　美国建筑领域节能低碳体系

1.2.3 日本

由于日本的岛国位置，气候变暖对其农业、渔业环境等方面的负面影响要远超他国。因此，日本政府十分积极倡导低碳生活、低碳城市的理念，努力应对气候变化，并促进了《京都议定书》的形成，这是日本对全球低碳发展做出的最大贡献。

（1）政策机制

在政策和法律方面，《建筑基准法》是日本最基本的建筑法律，其中"节能标准规程"一章规定了建筑施工开始至拆除阶段全生命周期的节能要求。《节约能源法》是日本在节能方面的专门法规，在 2006 年第六次修订中提出的"节能措施申报义务"规定开发商新建或扩建 2000m^2 以上的建筑，必须向当地管理部门提交节能措施报告书；2008 年第七次修订针对碳减排，要求建设单位增加新技术节能设备维护保养；2013 年第八次修订要求建筑商必须提交每年提升节能效率 1% 或以上的定期报告与中长期计划。其他法律例如《住宅节省能源基准》对住宅能源消耗标准提出了要求、《建筑废弃物再资源化法》对建筑物废弃物的回收做了严格的规定。

日本政府建立专门的节能推广机构，基于 2009 年日本政府宣布的节能目标——到 2020 年温室气体排放量要比 1990 年减少 25%，经济产业省和国土交通省等部委联合创立了"创建低碳社会建筑节能推广委员会"，于 2012 年 4 月通过了《实现低碳社会的建筑节能与生活模式计划路线图（暂行）》，主要推进新建建筑节能，推动零能耗居住建筑和公共建筑认证；通过补贴和调整税率推动既有建筑节能改造；推动太阳能、地热能等可再生能源在建筑中的大面积应用；建筑全寿命期减碳。

（2）标准技术体系

在标准体系方面，日本政府、企业、学者组成的联合科研团队共同开发了"建筑物综合环境性能评价体系"（Comprehensive Assessment System for Building Environmental Efficiency，简称 CASBEE），CASBEE 从建筑对地球环境影响的视角来评价建筑物的综合环境性能，它分别定义环境负荷为"L"（Load），建筑物的环境质量与性能为"Q"（Quality），是国际上第一个将这两者明确区分、分别评价的评估体系，这也是 CASBEE 的最大创新之处。它不仅全面评价了建筑的环境品质和对资源、能源的消耗，还分析了建筑对环境的影响。CASBEE 包括了新建建筑规划与方案设计 CASBE-PD（CASBEE for Pre-design）、新建建筑设计 CASBEE-NC（CASBEE for New Construction）、既有建筑运营管理

CASBEE-EB（CASBEE for Existing Building）、建筑的改造和运行 CASBEE-RN（CASBEE for Renovation）[9]。

日本在 2013 年将居住建筑节能标准和公共建筑节能标准整合为一部标准——《建筑节能标准 2013》。该标准与旧标准相比，将供热供冷、通风、照明、热水、电梯这 5 个系统作为建筑能源系统整体考虑，对其一次能耗进行整体限值规定；更新了过去 30 年的建筑能耗计算方法；将基于建筑类型判定的 PAL 和 CEC 值进一步精细化为按照房间功能类型确定，将建筑物划分为不同功能使用区，分别进行能耗计算，然后汇总得出总能耗（图 1.2-6）。

图 1.2-6　日本建筑领域节能低碳体系

1.2.4　主要发展中国家

印度是目前世界上发展最快的国家之一，经济增长速度引人注目。但是印度是世界上排名第 6 的能源消耗大国，消耗量占全球总能耗的 3.4%。由于印度经济的崛起，在过去的 30 年里，能源需求增长率为年均 3.6%，未来十年，印度很可能会成为全球能源需求增长最快的国家。此外，印度是一个电力供需极不平衡的国家，在过去 10 年中，电力供应不足，电力供需形势严峻，预计到 2022 年，印度的电力缺口可能会达到 5.6%。

（1）政策机制

印度通过颁布法律和实施节能计划，将节能政策不断深化到各个领域。2001 年，印度政府颁布了《国家节能法》，为整个国家的节能事业提供了整体的法律框架、制度安排和监管机制。自 1991 年起，印度电力部开始实施国家节能奖励计划，以鼓励企业在其生产过程中采用节能技术。2011 年，印度能效管理局实施了 8 项主要的节能计划，其中包含印度工业节能计划、能效标准和标签计划、《建筑节能法规》、中小企业计划等，并鼓励创新性的能效改进技术。2008 年 6 月 30 日，印度出台《国家气候变化行动计划》，提出了从能源研发到可持续农业的国家八大任务，核心项目包含扩大太阳能使用和提高能源效率。2009 年 11 月施行《国家太阳能计划》，2017 年 5 月公布了节能建筑规范（ECBC）的更新版。示范建筑规范规定了新商业建筑的能源性能标准，包括让建筑商、设计师和建筑师将被动设计原则和可再生能源整合到建筑设计中，新建筑必须证明符合规范的最低节能率为 25%，节能率达到 35% 的建筑将获得"ECBC Plus"认证，节能率达到 50% 的建筑将得到"超级 ECBC"认证。

印度的可再生能源计划取得了明显的效果，2013 年，印度的太阳能容量几乎翻了一番，到 2015 年，印度从可再生能源中产生了 10% 的电力，其中很大部分用在了建筑节能上。

（2）标准技术体系

印度绿色建筑工作由印度绿色建筑委员会（IGBC）推动。印度绿色建筑委员会已针对几乎所有项目类型的设计、建造和运营推出了 26 个整体评级。根据印度绿色建筑委员会的数据，截至 2019 年，印度已经成功实现了 71.7 亿平方英尺的"绿色建筑足迹"，已有近 6000 个绿色项目和超过 57.7 亿英亩的大型开发项目，达到了 75% 绿色建筑足迹的目标。2018 年，印度在建筑节能方面迈出了一大步，推出了首个住宅建筑能源规范——《住宅建筑节能建筑规范》，规范的制定旨在使用建筑被动系统（BEEP India 2018）。

1.3 中国绿色低碳发展现状

1.3.1 中国能源消费现状

（1）一次能源消耗和碳排放现状

改革开放四十多年来，我国经济和社会发展取得了举世瞩目的成就，但与此同时，也带来了巨大的能源资源消耗。我国一次能源消耗量逐年快速增长，2018 年一次能源消耗量达到 32.74 亿 tce，占全球能源消费量的 24% 和全球能源消费增长的 34%[1]，中国连续 18 年成为全球能源增长的最主要来源。2008 ~ 2018 年我国一次能源消费量如图 1.3-1 所示。

在石油消耗方面，我国 2018 年石油消耗量达到 6.41 亿 t，占全球消耗量的 13.8%，成为仅次于美国的全球第二大石油消耗国。在天然气方面，我国 2018 年天然气消耗量达到 2830 亿 m^3，占全球天然气消费净增长的 22%。在煤炭方

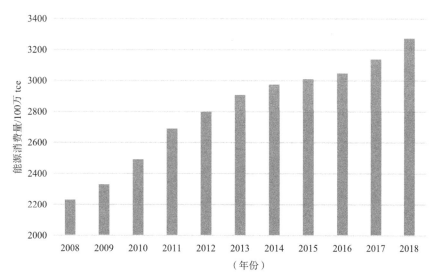

图 1.3-1　2008～2018 年中国一次能源消费量
（资料来源:《世界能源统计年鉴》）

面，我国 2018 年消耗煤炭 19.067 亿 tce，占全球消耗量的 50.5%。2008～2018
年我国化石能源消费情况如图 1.3-2 所示。

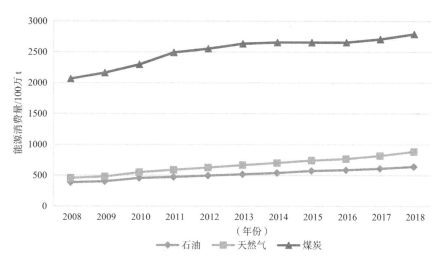

图 1.3-2　2008～2018 年中国化石能源消费量
（资料来源:《世界能源统计年鉴》）

　　在非化石能源消耗方面，2018 年，我国核能消耗量为 6700 万 tce，水电
消耗量为 27200 万 tce，可再生能源（发电）消耗量为 14400 万 tce，其中风能
8300 万 tce，太阳能 4000 万 tce，生物质能和地热能 2100 万 tce，总体均呈增
长态势。

总体来看，目前我国能源资源消费仍然依赖三大化石能源，石油、天然气、煤炭消费占能源消费总量的 85.4%，其中煤炭占 58%。可再生能源的利用近年来虽有大幅的增长，但仅占能源消费总量的 14.6%。2018 年中国能源消费占比情况如图 1.3-3 所示。

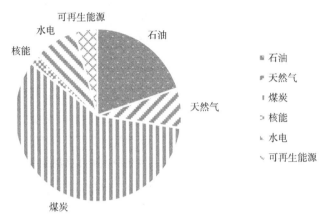

图 1.3-3　2018 年中国能源消费占比

（资料来源：《世界能源统计年鉴》）

能源资源消费的增长带来的最直接的问题就是我国碳排放量迅速增长，碳排放总量已十分惊人。2018 年我国因能源使用的碳排放量已经高居世界第一，CO_2 排放量达 94.29 亿 t，占世界碳排放总量的 27.8%，比 2017 年增长 2.2%[1]，相较于近五年平均增速（0.5%）呈现显著增长，如图 1.3-4 所示[10]。

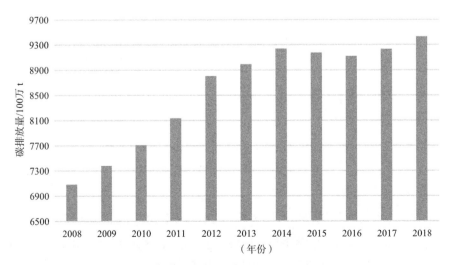

图 1.3-4　2008～2018 年我国碳排放量

（资料来源：中国建筑节能年度发展研究报告 2020）

（2）不同行业能源消费及碳排放现状

从我国能源消费的行业分布上来看，我国能源平衡表中终端能源消费部门包括农林牧渔业、工业、建筑业、交通运输仓储和邮政业、批发零售业和住宿餐饮业、其他行业和生活消费（城镇居民生活消费和农村居民生活消费）等7类。根据《中国统计年鉴》中的相关统计数据，我国各行业能源消费量占比如图 1.3-5 所示。

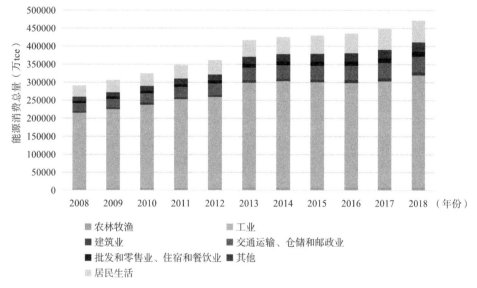

图 1.3-5　2008～2018 年按行业分能源消费量

（资料来源：中国统计年鉴）

可以看出，我国按行业分，能源消费量中工业能源消费所占比重最大，且保持稳定增长的态势。交通运输、仓储和邮政业以及居民生活能源消费所占比重也较大，基本也呈现增长的态势。建筑业所占比重并不多，但其能耗增长十分迅速[11]（图 1.3-6）。

然而，国家统计局的统计口径与行业实际的能源消费统计口径存在一定的差异，工业能源消费中实际包含交通能耗和建筑能耗，交通、运输仓储和邮政业能耗以及批发零售业和住宿餐饮业能耗中也包含了部分建筑能耗，生活消费能耗中包含了居民居住能耗和私人交通能耗，建筑业能耗仅包含建造本身所消费的能源，并未将建成后的建筑能耗统计在内。因此，国家统计局统计口径下的建筑业能耗主要包括了建筑施工能耗，是建筑领域能耗的一部分。这种统计方式造成了我国行业能源结构中工业能源消费"一家独大"的局面，交通和建筑领域的能源消费体现并不明显。国际能源署（IEA）的统计显示，工业、交通、

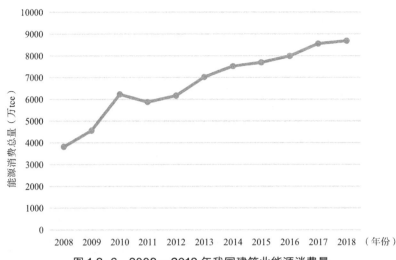

图1.3-6　2008～2018年我国建筑业能源消费量

（数据来源：中国统计年鉴）

建筑已经成为世界能源消费的"三驾马车"，其中全球建筑能源消耗更是已超过工业和交通方面，占到总能源消耗的41%。在我国，中国建筑节能协会界定了建筑全寿命期能耗的统计计算方式，将建筑施工过程及建材等的生产能耗纳入能耗统计口径，采用这种统计口径进行统计，则我国建筑能耗也已超过工业和交通，成为我国能耗第一大行业。

在行业碳排放方面，电力、热力生产及工业生产产生了较多碳排放。据国际能源署（IEA）统计，2018年中国89%左右的碳排放均来自电力热力生产（51%）、工业生产（28%）及交通运输部门（10%），其中电力行业、交通运输碳排放占比随时间逐渐增加，如图1.3-7所示。

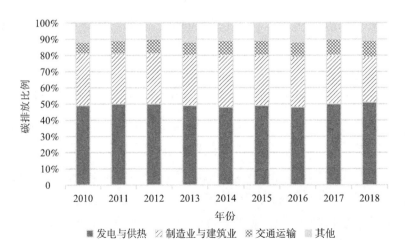

图1.3-7　2010～2018年行业碳排放比例情况

（资料来源：Wind，华宝证券研究创新部）

（3）能源消费改革现状

为贯彻落实创新、协调、绿色、开放、共享的能源高质量发展路线，响应"碳达峰、碳中和"的发展路径，我国在能源消费方面开展了有益的探索和实践。

我国以持续推动能源供给侧结构性改革为抓手，推动能源消费革命，抑制不合理能源消费。坚持节能优先方针，完善能源消费总量管理，强化能耗强度控制，把节能贯穿于经济社会发展全过程和各领域。坚定调整产业结构，高度重视城镇化节能，推动形成绿色低碳交通运输体系。在全社会倡导勤俭节约的消费观，培育节约能源和使用绿色能源的生产生活方式，加快形成能源节约型社会。推动能源供给革命，建立多元供应体系。坚持绿色发展导向，大力推进化石能源清洁高效利用，优先发展可再生能源，安全有序发展核电，加快提升非化石能源在能源供应中的比重。大力提升油气勘探开发力度，推动油气增储上产。推进煤电油气产供储销体系建设，完善能源输送网络和储存设施，健全能源储运和调峰应急体系，不断提升能源供应的质量和安全保障能力。

在工业领域能源结构上，推进绿色能源在工业领域应用，提高光伏、风能等可再生能源在工业企业、园区的应用比例，推进工业用能设备电气化；促进工业燃料低碳化，加快低碳氢、零碳氢对化石燃料的替代。持续推进工业绿色低碳循环发展、深入推动信息化和绿色化协同发展。加快推进新型基础设施节能，合理布局，提升在建与新建设施运行能效；推动信息通信技术与传统工业制造的融合，建立绿色发展数据管理系统。

1.3.2 中国建筑领域能耗现状

（1）建筑业总体规模现状

伴随着我国城镇化水平的大幅提高，建筑业也进入了高速发展的阶段。2006~2018年，我国民用建筑竣工面积增长迅速，每年竣工量从2006年的14亿 m^2 左右增长至2014年的25亿 m^2 多，从2014年至今，我国民用建筑每年竣工面积基本稳定在25亿 m^2 的水平，整体趋势稳定。

在2018年已竣工的25亿 m^2 的民用建筑中，住宅建筑占比约为67%，非住宅建筑约占33%。各类型公共建筑在2001~2017年的竣工面积比例变化不大，以办公、商场及学校为主。每年大量建筑的竣工使得我国建筑面积的存量不断高速增长，2018年我国建筑面积总量已达601亿 $m^{2[10]}$。在"碳达峰、碳中和"的发展背景下，我国建筑业发展面临变革，综合考虑人口发展趋势、新型城镇化、集中供暖覆盖率等因素，从建筑用能总量控制的角度，有研究预测我国未来建筑规模控制上限应在800亿 m^2。

（2）建筑能耗现状

中国建筑节能协会发布的《中国建筑能耗研究报告 2020》中将建筑能耗界定为建筑全寿命期能耗，是指建筑作为最终产品，在其全寿命期内所消耗的各类能耗总和，包括建材生产运输、建筑施工、建筑使用运行和建筑拆除处置能耗，这种建筑能耗的界定方式较为符合建筑行业的科学规律。

我国建筑全寿命期能耗总体呈现增长的变化趋势，且近年来保持了较高的增长率，全国建筑全寿命期能耗由 2005 年的 9.34 亿 tce 上升到 2018 年的 21.41 亿 tce，扩大了 2.3 倍，年均增长 6.6%。2005 ~ 2018 年建筑全寿命期能耗变化情况如图 1.3-8 所示[12]。

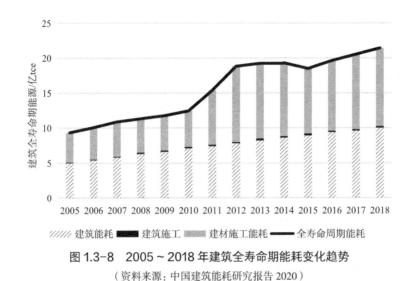

图 1.3-8　2005 ~ 2018 年建筑全寿命期能耗变化趋势

（资料来源：中国建筑能耗研究报告 2020）

根据《中国建筑能耗研究报告 2020》的统计计算，2018 年全国建筑全寿命期能耗总量为 21.47 亿 tce，占全国能源消费总量的比重为 46.5%。其中，建材生产阶段能耗 11 亿 tce，占建筑全寿命期能耗 51.3%，占全国能源消费总量的比重为 23.8%；建筑施工阶段能耗 0.47 亿 tce，占建筑全寿命期能耗 2.2%，占全国能源消费总量的比重为 1%；建筑运行阶段能耗 10 亿 tce，占建筑全寿命期能耗 46.6%，占全国能源消费总量的比重为 21.7%[11]（图 1.3-9）。

根据一些研究机构对中国建筑能耗的预测分析，从国际能源署（IEA）、LBNL（美国劳伦斯伯克利国家实验室）和国家发改委能源研究所（ERI）等机构的研究结果来看，未来我国建筑能耗还将有明显增长。到 2030 年，中国建筑能耗将达到 10 亿~ 12 亿 tce，其中，供暖能耗仅考虑了建筑耗热量，而未包括北方城镇集中供暖系统中热力生产以及输配过程中的损失[12, 13]。

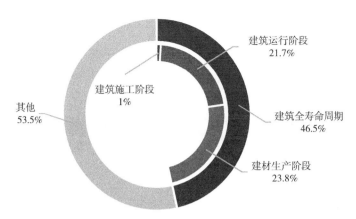

图 1.3-9　2018 年建筑全寿命期能耗占全国能耗消费总量的比重

（资料来源：中国建筑能耗研究报告 2020）

（3）建筑碳排放现状

根据《中国建筑能耗研究报告 2020》的统计计算，2018 年全国建筑全寿命期碳排放总量为 49.3 亿 t（CO_2），占全国能源碳排放的比重为 51.2%。其中，建材生产阶段碳排放 27.2 亿 t（CO_2），占建筑全寿命期碳排放的 55.2%，占全国能源碳排放的比重为 28.3%；建筑施工阶段碳排放 1 亿 t（CO_2），占建筑全寿命期碳排放的 2%，占全国能源碳排放的比重为 1%；建筑运行阶段碳排放 21.1 亿 t（CO_2），占建筑全寿命期碳排放的 42.8%，占全国能源碳排放的比重为 21.9%，如图 1.3-10 所示。

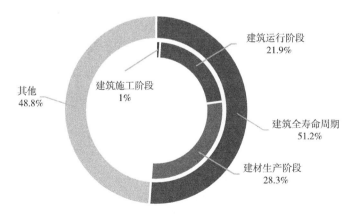

图 1.3-10　2018 年建筑全寿命期碳排放总量占全国能源碳排放的比重

（资料来源：中国建筑能耗研究报告 2020）

中国建筑节能协会根据不同的建筑碳排放情景，在"碳达峰，碳中和"的目标下分析预测了我国未来的建筑碳排放。在建筑节能的情景下，我国的建筑碳排放将在"十四五"末期达到 25.18 亿 t CO_2，并在 2030 年达到 26.08 亿 t CO_2 的峰值。

1.4 国内外建筑领域绿色低碳发展对比

（1）发展目标

关注绿色发展是国际共识，但在具体目标和推进路径制定方面，各个国家各有特点和侧重。在 2009 年哥本哈根世界气候大会召开期间，英国政府提出 2030 年将商业建筑和工业的效率提高至少 20% 的措施；德国提出 2020 年前二氧化碳排放比 1990 年减少 40% 的目标；日本政府提出到 2020 年温室气体排放量要比 1990 年减少 25% 的目标；美国提出在 2025 年之前阻止碳排放的上涨趋势，随后逐步开始减排；印度也宣布到 2020 年二氧化碳排放强度将比 2005 年减少 20% 到 25%。我国住房和城乡建设部在 2017 年发布的《建筑节能与绿色建筑发展"十三五"规划》中提出：到 2020 年，城镇新建建筑能效水平比 2015 年提升 20%，部分地区及建筑门窗等关键部位建筑节能标准达到或接近国际现阶段先进水平。

伴随国际社会对应对气候变化的共同关注，《京都议定书》《巴黎协定》等共同文件的签署，碳达峰、碳中和的目标也被世界各国逐渐提出并明确。英国提出到 2035 年二氧化碳排放量将比 1990 年的水平减少 78%，并在 2050 年实现零排放目标；德国、日本和美国政府均承诺在 2050 年前达成碳中和目标。我国在 2020 年 9 月 22 日向联合国大会宣布，将努力在 2030 年之前达到排放峰值，在 2060 年实现碳中和。主要国家碳中和目标承诺时间及内容如表 1.4-1 所示。

主要国家碳中和时间表　　　　　　　　　　　　　　　表 1.4-1

序号	国家	目标日期	承诺性质	目标内容
1	中国	2060 年	政策宣示	中国在 2020 年 9 月 22 日向联合国大会宣布，努力在 2060 实现碳中和，并采取"更有力的政策和措施"，在 2030 年之前达到排放峰值
2	美国	2050 年	政策宣示	"到 2035 年，通过向可再生能源过渡实现无碳发电；到 2050 年让美国实现碳中和。"这是拜登在气候领域做出的承诺
3	加拿大	2050 年	法律规定	2020 年 11 月 19 日，加拿大政府提出法律草案，明确要在 2050 年实现碳中和

序号	国家	目标日期	承诺性质	目标内容
4	丹麦	2050 年	法律规定	丹麦政府在 2018 年制定了到 2050 年建立"气候中性社会"的计划，该方案包括从 2030 年起禁止销售新的汽油和柴油汽车，并支持电动汽车
5	欧盟	2050 年	提交联合国	根据 2019 年 12 月公布的"协议"，欧盟委员会正在努力实现整个欧盟 2050 年净零排放目标，该长期战略于 2020 年 3 月提交联合国
6	芬兰	2035 年	政策宣示	作为组建政府谈判的一部分，五个政党于 2019 年 6 月同意加强该国的气候法。2020 年 2 月，芬兰政府宣布，芬兰计划在 2035 年成为世界上第一个实现碳中和的国家
7	法国	2050 年	法律规定	2020 年 4 月，法国颁布法令通过"国家低碳战略"，设定 2050 年实现"碳中和"的目标。在 2021 年 6 月的报告中，新成立的气候高级委员会建议法国必须将减排速度提高 3 倍，以实现碳中和目标
8	德国	2050 年	法律规定	德国第一部主要气候法于 2019 年 12 月生效，这项法律的导言说，德国将在 2050 年前"追求"温室气体中和。2019 年 5 月 14 日，德国总理默克尔宣布德国将努力在 21 世纪中期以前达成碳中和，以 2050 年前达成碳中和为目标
9	日本	2050 年	政策宣示	2020 年 10 月 26 日，日本首相菅义伟在向国会发表首次施政讲话时宣布，日本将在 2050 年实现温室气体净零排放，完全实现碳中和
10	英国	2050 年	法律规定	2008 年，英国《气候变化法案》正式生效，英国是第一个通过立法形式，明确 2050 年实现零碳排放的发达国家

（2）政策机制

因经济发展水平和具体国情不同，各国建筑领域绿色低碳发展的政策机制存在一定差异。英国低碳发展政策建立较早，1972 年颁布的《建筑条例》中首次设置了节能篇，成为世界上较早针对建筑节能单独予以法律规定的国家。德国在世界上首先提出被动式建筑，其建筑节能及能效深度提升工作在全球处于领先地位。美国是能耗大国，从国家到各州政府均制定了多层级的建筑节能及与低碳发展相关的法规、目标、制度及认证程序。日本政府积极与民间组织合作出台相关节能法规，对节能产品和生产企业进行认定并积极推广。印度相对于发达国家建筑节能起步较晚，但是政策出台迅速，如今也逐步形成了较为丰富的节能政策体系。我国建筑节能工作起步于 1986 年国务院颁布的《节约能源管理暂行条例》，随后经历了节能 30%、50%、65% 的三步节能标准，并向近零能耗建筑、零能耗建筑、零碳建筑"新三步"迈进；与此同时，绿色建筑自 2006 年起步，前后经历了由浅绿向深绿、由自发向强制、由点状向规模化、纵深化推进的发展历程。

（3）技术标准体系

英国是世界上第一个提出了绿色建筑评估体系 BREEAM 的国家，开创了绿色评价标准的先河。德国在 1988 年首次提出了"被动房"概念，德国可持续建筑委员会于 2006 年推出了德国可持续建筑评价标准（DGNB），该标准覆盖住宅建筑、工业建筑、办公建筑等多种建筑业态，覆盖建筑类型广泛。美国在能效标准方面提出了有影响力的能源之星、能源指南、AGPC 绿色环境标识和 LEED 认证绿色建筑标识等，其中 LEED 标准体系涵盖范围很广，是目前世界各国的各类建筑最具有影响力和最完善的评估标准。日本在标准体系上提出了"建筑物综合环境性能评价体系"，该体系创新性提出了将负荷与建筑环境质量和性能进行区别，并区别化评价的理念。印度绿色建筑委员会（IGBC）提出的《住宅建筑节能建筑规范》是其首个住宅建筑能源规范，但该规范存在评估细节不完善以及与本国市场结合较差的缺点。我国建筑节能和绿色建筑工作相比发达国家虽然起步较晚，但发展较快，节能标准形成了覆盖不同气候区、节能率不断提升的标准体系，绿色建筑标准体系也已覆盖设计、施工、竣工验收、运行、评价全过程。

（4）典型案例

世界各国针对建筑节能与绿色发展打造了多项样本工程，如英国伦敦的贝丁顿社区使用可再生材料、雨水收集和太阳能装置实现自给自足，实现了二氧化碳的零排放，如图 1.4-1 所示。德国法兰克福市大力推动被动式建筑，要求市政府的所有新建建筑都必须按被动式建筑标准建造。美国西雅图市通过积极倡导市民改善建筑，以控制碳排放。日本北九州市积极发展绿色产业，以政府为主导、高校与科研机构提供技术、社会公众参与监督，最终形成一套完整有效的城市绿色低碳发展模式。印度班加罗尔明确了绿色基础设施系统建设和节约资源，发展生态走廊和绿化空间，对高能耗基础设施进行绿色改造。

图 1.4-1　英国伦敦贝丁顿社区

我国建筑绿色低碳发展方面也有许多成功案例。天津生态城是中国和新加坡合作建设的绿色城市,自 2008 年建城之初便实行了新建建筑 100% 执行绿色建筑标准的强制性要求。经过十多年的建设发展,中新天津生态城已成为生态理论创新、节能环保技术使用和城市绿色运行的突出典范,获得了国家首批"绿色生态城区运营三星级标识",成为我国城市绿色低碳发展的样板(图 1.4-2)。

图 1.4-2　中新天津生态城

国内外主要国家建筑领域绿色低碳发展在目标设定、政策制度、技术标准体系等方面的特色梳理如表 1.4-2 所示。

碳达峰、碳中和目标的提出将带来一场广泛而深刻的经济社会系统性变革。建筑领域作为能源消耗和碳排放的重点领域,将面临严峻挑战,也将面临深入推进绿色低碳发展的重要契机。

国内知名专家学者针对建筑领域如何绿色低碳发展以助力碳达峰、碳中和开展了系列探讨。

清华大学江亿院士认为,在实现碳达峰和碳中和方式上,在未来大比例风电光电的电源结构背景下,应大力发展建筑表面光伏发电,使建筑成为消纳周边地区风电光电基地中零碳电力的重要载体;与此同时,"光储直柔"将成为建筑低碳发展的重要支柱,应大力推进建筑电气化发展,推动电力负荷调节。此外,我国要实现碳中和应当从现在开始加快行动,加大清洁能源的使用和冬季火电 CCS(协调控制系统)回收,以此实现跨季度储能。而由于我国供暖消耗的一次能源依然以煤为主,这一过程会产生大量二氧化碳,居民供暖还需转型发展,寻找城镇供暖新方式成为现阶段面临的困难。

同济大学龙惟定教授认为,减少直接碳排放和间接碳排放是实现碳中和的基础,但不是全部,同时需要考虑建筑全寿命周期的碳排放。从具体的实施路

表 1.4-2

国内外建筑领域绿色低碳发展对比表

国家	目标		政策制度特点	技术标准体系	技术标准特点	发展特色	成功案例
	哥本哈根世界气候大会目标	碳达峰、碳中和目标					
英国	2030年将商业建筑和工业的效率提高至少20%的措施	在2050年实现零排放	欧盟中最先提出建筑节能政策	绿色建筑评估体系BREEAM	以低能耗建筑和被动房为主要载体	政府对绿色建筑提供资金扶持，大力培养绿色建筑工程师	贝丁顿社区实现零碳排放，实现能源自给自足
德国	2020年前二氧化碳排放比1990年减少40%的目标	在2050年前实现碳中和	重点发展被动式建筑	德国可持续建筑评价标准（DGNB）	以低能耗建筑和被动房为主要载体	建筑开发商必须出具能耗证明，告知消费者建筑能耗情况	法兰克福市通过节能改造、节能咨询服务、能源证书、市场投资等提高建筑能源效率
美国	2025年之前阻止碳排放的上涨趋势	在2050年实现碳中和	市场主导性强，各州政策有差异	LEED标准体系	应用广泛，影响力大	建筑节能市场由能源价格和居民收入主导，节能规范健全且丰富	西雅图市通过改善建筑、能源系统的效率，以控制碳排放，达到其创建低碳城市的目的
日本	到2020年温室气体排放量要比1990年减少25%	在2050年实现碳中和	注重政府和民间组织合作，提出综合性强的政策	"建筑物综合环境性能评价体系"（CASBEE）	创新性强	民间组织和政府机构相结合发展建筑节能，对节能建筑颁发证书，提供维修	日本北九州市积极发展绿色产业，最终形成一套完整有效的城市绿色低碳发展模式
印度	2030年将排放强度较2005年降低33%	尚未提出	发展迅速，各邦政策独立性强	节能建筑规范"ECBC Plus"认证	覆盖度高，但细节需要完善	降水丰富，建筑发展雨水收集和建筑植被节约	班加罗尔市积极发展绿色基础设施系统建设和强调绿色发展资源节约
中国	到2020年，城镇新建建筑能效水平比2015年提升20%	2030年前达峰2060年碳中和	中央政府制定规章和发展规划，地方提出相应政策	《绿色建筑评价标准》《民用建筑节能设计标准》	类型多，覆盖面广	国家和地方政策法规引领，因地制宜，种类丰富	上海、深圳绿色建筑发展迅速，中新天津生态城作为世界上第一个国家间合作开发建设的生态城市

径上，他认为应对建筑采取区别化对待，限制建筑面积、提高建筑质量、延长建筑寿命，同时加强建设初期对能耗的评估和预测。同时，发展超低能耗建筑、提高建筑电气化比例、加快建筑光伏发展、电热气三网合一以及推广碳捕捉技术是实现碳中和的五项关键措施。此外，建筑材料、材料运输和施工过程三者形成的隐形碳排放也应当予以重视，我国的绿色建筑多以节能为重点，在建筑全寿命周期上还有很大的节能降碳空间可以发掘。

中国建筑科学研究院有限公司徐伟大师认为，随着我国新建建筑能效快速提升，建筑领域碳达峰时间有望提前，而应用被动式建筑设计以及主动式高性能能源系统的超低能耗建筑可实现建筑使用过程中能耗小、污染物和温室气体排放降低等，但现阶段也面临我国超低能耗、近零能耗建筑发展仍处于起步阶段，技术体系尚不完善的现实困难。我国的建筑能耗和建筑面积还在增长，我国建筑领域减碳依然有很长的路要走。

住房和城乡建设部标准定额研究所研究指出，我国碳排放量如不严格控制，建筑碳排放总量还将继续增加。为了保证碳达峰和碳中和目标的实现，建筑领域应更加严格控制建筑面积总量，更加快速提升新建建筑能效水平，加强既有建筑节能改造，淘汰建筑部门化石能源消耗，逐步提升电气化水平，迈向全面零碳。

回顾节能低碳发展历程，展望碳达峰、碳中和带来的新机遇、新挑战，建筑领域绿色低碳发展需要从我国经济、文化、社会发展目标和各类建筑需求出发，基于我国资源、能源及碳排放总控要求，进行建筑领域绿色低碳发展的总体规划，合理规划总体目标及发展路径；同时围绕北方城镇集中供暖、公共建筑、城镇住宅、农村住宅四个用能分项，分别建立针对性、差异化的发展目标及技术实施路径，进一步建构以政策、标准、技术和工具等为要素的政策建议，整体形成我国城市建设绿色低碳发展技术路线图，系统、科学、分类指导我国建筑领域绿色低碳发展。

2

建筑领域绿色低碳发展总体规划

2.1 影响因素分析

建筑领域绿色低碳发展受政策、经济、技术、市场等多方面因素影响，本书对影响因素进行识别和分析，主要划分为国家政策支持力度、社会经济发展、科学技术发展水平、人文地理环境差异四个方面，为建筑领域绿色低碳发展总体规划提供基础支撑（图 2.1-1）。

图 2.1-1　主要影响因素

2.1.1　国家政策支持力度

国家政策支持力度主要包括政策、标准、法律法规等工具和手段，对建筑领域绿色低碳发展进行控制和引导，主要涉及目标制定和引导、行政管理监督、技术产品推动和财政激励等。国家和地区宏观规划文件明确发展目标和重点任务，指导政府部门依据目标开展相关工作，通过目标的分解促进整体建筑节能减排等方面的发展。在规划目标约束下，制定相关实施方案、要求等政策管理约束性文件，对节能减排目标的实现进行具体实施方法的安排和推进，通过行政管理手段对推进工作进行监管推动，保障总体目标的有效推进实施。对于应用效果较好的技术和产品，通过标准制定、推荐名单建立、替代产品的约束和控制等方法充分进行引导应用，实现技术产品进步提升，推进整体节能减排效果的提升。在绿色低碳实施方案推进、技术产品引导等较为重要的环节上，财政激励往往能够加快提升工作的应用效果，是政府进行强有力推行、辅助相关市场模式建立的有力手段。

通过不同深度和强度的国家政策支持引导，能够有效影响建筑领域绿色低碳的发展速度。支持力度越大，往往实现效果越快越好，但同时相关投入以及对政府整体的实施基础和能力都会提出较高的要求。以建筑节能和绿色建筑为例，在政策引领下逐步向超低能耗建筑、近零能耗建筑、零能耗建筑、产能建筑发展，政策机制起到了强有力的推动作用，如图 2.1-2 所示。适宜的支持力度需要通过综合考虑减排需求和实际支撑能力综合确定。

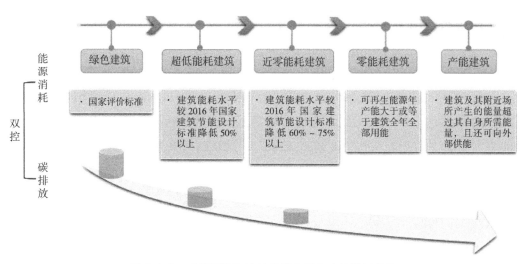

图 2.1-2 政策引领下建筑节能和绿色建筑发展趋势

2.1.2 社会经济发展因素

社会经济发展因素主要包括国家社会发展水平、经济发展水平、人民生活水平等诸多方面，主要涉及人口规模、城镇化率、GDP 水平、能源结构等。人口总量及发展趋势是影响我国建筑规模和能耗最为直接的因素。根据中国统计年鉴数据，我国人口总数已从 1991 年的 11.6 亿人增长至 2020 年的 14.4 亿人，自 2001 年以来，增长趋势逐渐减缓。城镇化率的提升带来建筑面积总量增长、建筑总能耗增加。国内生产总值（GDP）是指按市场价格计算的一个国家（或地区）所有常驻单位在一定时期内生产活动的最终成果，常被公认为衡量国家经济状况的最佳指标，它能有效反映一国（或地区）的经济实力和市场规模。改革开放以来，我国经济飞速发展，国内生产总值从 2002 年的 12.2 万亿元增长至 2020 年的 101.6 万亿元，增长了 8 倍。国内生产总值的飞速增长体现了我国生产能力以及人民生活水平的快速提升，第三产业的加速发展推动公共建筑能耗增加，物质生活水平提升带来住宅建筑能耗的增加。

我国能源结构一直以煤为主，石油、天然气等能源储量和产能都较低。随着应对全球气候变化的减排要求的提出，我国开始大力发展可再生能源。2017～2020 年，全国煤炭消费占一次能源消费的比重由 60.4% 下降至 57% 左右，非化石能源消费占比从 13.8% 提高至 15.8%。对于相同水平的碳排放和环境约束，较高比例的清洁能源的利用可以有效提升全社会及建筑领域的能源消耗总量上限。

2.1.3 科学技术发展水平

科学技术发展水平主要包括建筑设计、设备能效及运行管理、可再生能源利用技术等。技术产品在建筑能源利用方式、效率方面的提升推进，能够有效提升建筑总体的能源利用效率，降低建筑总能耗。但是新技术新产品在研发应用初期往往存在成本较高、不断试错等过程，技术应用推动的速度对我国建筑领域总体能耗情况有着较为明显的影响。建筑设计通过围护结构保温、自然通风、天然采光等技术可以在有效降低建筑能耗的同时提高室内舒适度。通过设备产品和运行技术的提升，可以有效提升建筑在制冷空调、供暖、热水、给排水、电梯、照明等方面的能源效率，降低建筑整体的运行能耗。在建筑运行过程中，统一调节和控制决定了建筑整体的使用时间、使用频率和服务水平等，例如公共建筑中央空调的开启时间、送风温度、新风量大小等对空调能耗影响较大。可再生能源利用技术主要指建筑光伏一体化技术、地源热泵等技术。通过就地分布式可再生能源利用技术的应用和发展，降低建筑对外来能源的需要，减少化石能源使用，同时节约能源输配损失能耗。

2.1.4 人文地理环境差异

人文地理环境差异主要包括气候因素和用能意识习惯。我国地域广阔，南北气候差异大，不同地区建筑能耗强度不同，所采用的建筑节能技术也存在较大差异。我国是一个具有多元文化的国家，民族众多且地区风貌各异，人们的用能需求、用能习惯和节能意识差异较大，在树立全民节能意识、提高对节能材料和建筑节能产品的有效使用、促进节能行为等方面仍需加强。在建筑运行过程中，建筑使用者的调节和控制等，也同时决定了各项设备的使用时间长度、使用频率和服务水平等，从而使得各类型终端能耗不同。例如空调的使用时间、送风温度，照明的使用时间、开启数量，主要电气设备的使用时间或频率，生活热水的用水量或用水频率等，都影响着各项终端能耗。

2.2 绿色低碳发展总体目标

建筑领域绿色低碳发展总体目标涉及建筑能耗总量和运行碳排放总量，由影响因素分析可知，建筑规模总量的发展对建筑能耗和碳排放的总量起着重要作用，因此本书对建筑规模、建筑能耗总量和运行碳排放总量进行预测研究，基于预测结果确定建筑领域绿色低碳发展总体目标。

2.2.1　建筑规模预测

（1）情景设定

对建筑面积影响因素的分析结果表明，人口规模、城镇化率、国内生产总值、产业结构、建筑存量等因素与未来建筑面积显著相关，考虑上述相关影响因素的参数指标变化，并基于保障人民生活空间和节能减排的综合考虑，设置基准、中等控制和严格控制三种情景，对各类建筑面积进行预测，情景设定见表2.2-1。

建筑规模预测情景设定　　　　　　　　　　　　表2.2-1

情景	描述
基准情景	主要依照我国实现国家提出的"两个一百年"奋斗目标为前提，按照城市近年来惯有的经济增长速度、人口发展规模、城镇化和工业化的进程，以及资源消耗和能源需求的现状，以经济增长作为主要的驱动因素。人均居住面积按照现有标准进行增长，随年收入增加而增大，在未来一定时间内，按照当前发达国家人均面积的方向发展（对标奥地利等国）
中等控制情景	针对基准情景，中等控制情景不仅考虑目前低碳减排政策，还提出针对性的居民生活减排政策。该情景下，自然资源部与住房和城乡建设部对建筑规模进行适当控制，人均居住面积在一定程度上增速放缓，居民住宅空间和公共空间实现基本舒适（对标意大利、法国等）
严格控制情景	该情景综合考虑各控制变量发展态势，在提升我国居民生活水平和消费水平的同时，更加重视居民生活绿色消费理念。该情景下，综合考虑我国土地、社会、经济、环境资源，进行国土空间规划合理控制，人均居住面积实现低速增长，居民住宅空间和公共空间实现高度简约（对标捷克、匈牙利等）

（2）宏观指标

1）人口规模

依据一：参考张现苓、翟振武教授关于我国人口负增长的预测结果[14]。人口负增长受生育率、死亡和年龄结构的直接影响。在不同生育水平下，未来中国人口都将出现负增长，但时间节点差异较大。如若维持总和生育率为1.3的超低水平，中国将于2023年后进入负增长；若维持在1.6的水平，人口负增长可推迟至2027年（图2.2-1）。

依据二：参考联合国《世界人口展望（2019）》[15]对中国人口的预测方案（图2.2-2），其中方案假设2015~2020年、2020~2025年、2025~2030年中国综合生育率分别为1.70、1.72、1.73，预测中国人口将在2031年迎来14.6亿的峰值。此外，其低方案假设2015~2020年、2020~2025年、2025~2030年中国综合生育率分别为1.45、1.32、1.23，人口将于2024年达到14.5亿的峰值。

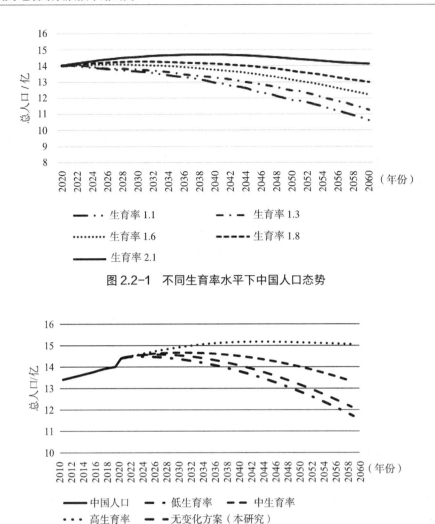

图 2.2-1 不同生育率水平下中国人口态势

图 2.2-2 联合国对中国人口预测方案

由于联合国预测数据中 2020 年中国人口为 14.4 亿，预测起点与我国实际人口数相差不大，所以本书采用联合国人口研究数据，在无变化方案情景下，2030 年我国总人口约为 14.1 亿，2060 年约为 12.2 亿。

2）城镇化率

在经济增长阶段转换前后，城市化推进速度也会相应变化。不同国家城镇化率的"饱和值"存在较大差异，根据国务院发展研究中心研究结果，各国城镇化率与人均 GDP 关系如图 2.2-3 所示。

国际经验表明，经济高速增长伴随着城市化的快速推进，而经济增长率上台阶后城市化进程也逐渐放缓。根据国务院发展研究中心研究结果，当人

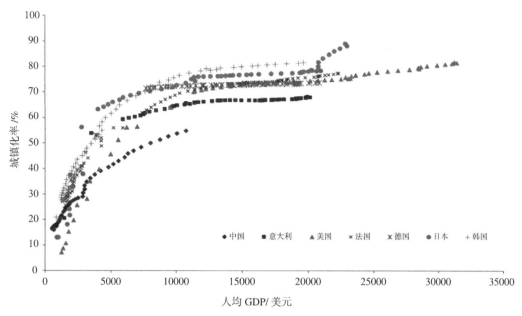

图 2.2-3 国际城镇化率与人均 GDP 关系

均 GDP 处于 10000 ～ 20000 美元时，城镇化率约为 65% ～ 75%。2014 ～ 2020 年，我国城镇化率增长速度保持年均约 1 个百分点，到 2020 年常住人口城镇化率已超 60%[16]。中国统计年鉴显示，2019 年我国常住人口城镇化率已达 60.6%，人均 GDP 为 70892 元（略超过 10000 美元）。假设未来 10 年我国的城镇化率依然保持每年 1% 的增长，2030 年达到 70%，并于 2040 年达到 75%（参照国际城镇化率经验，结合我国人口年龄结构、农村耕地与粮食生产、农村劳动力等各方面的约束，假设我国城镇化率 2040 年之后维持在 75% 左右）。

结合对我国总人口的预测，预计未来我国城镇常住人口数在 2040 年达到峰值 10.3 亿。未来人口规模及城镇化率变化如图 2.2-4 所示，关键节点年数据如表 2.2-2 所示。

未来我国人口变化情况预测（亿）   表 2.2-2

年份	2020	2025	2030	2035	2040	2045	2050	2055	2060
总人口	14.0	14.1	14.1	14.0	13.8	13.5	13.1	12.7	12.2
城镇人口	8.6	9.4	9.9	10.2	10.3	10.3	9.9	9.5	8.8
农村人口	5.4	4.7	4.2	3.8	3.4	3.3	3.2	3.2	3.4

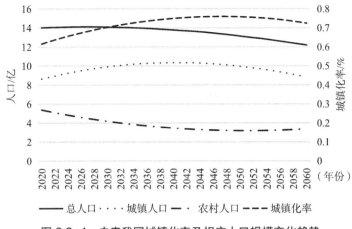

图 2.2-4　未来我国城镇化率及相应人口规模变化趋势

3）人均住宅建筑面积

国外的住房发展经验表明，随着城市化的进程，人均住房面积需求逐渐增大。全球各地区人均住房建筑面积与发达程度有关，经合组织（OECD）成员国约为 54m², 欧洲和中亚平均约为 45m², 亚洲（除中东）约 30m², 撒哈拉以南非洲约 20m²[17]。欧盟统计局[18]、国际能源署[19] 和日本国土交通省[20] 等机构数据库显示，各国人均 GDP 与人均住房面积关系如图 2.2-5 所示。中等发达国家人均 GDP 在 2 万 ~ 4 万美元时，人均住房建筑面积为 32 ~ 45m²。

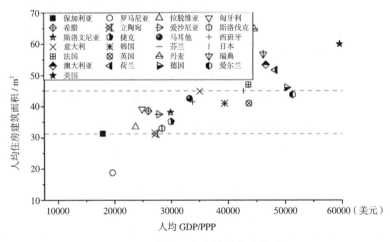

图 2.2-5　其他国家人均住宅建筑面积

家庭户数对于我国居民的住房需求有显著影响，并且用家庭户数对住房需求进行分析要明显好于总人口指标[21]。随着社会经济的发展和出生率的下降，家庭户平均规模开始缩小，趋于简单化。2015 年城镇家庭户平均规模为 2.84

人，2 人和 3 人家庭分别占调查家庭总数的 21.9% 和 31.7%[22]。据此推算出当居民收入增长到一定程度时，满足家庭需求的未来人均住房面积期望值应该在 45m² 左右。根据我国国土空间规划，我国城镇空间指标在 2020 年应控制在 10.21 万 km²，2030 年在 11.67 万 km²[23]。目前我国居住用地比例约占城市建设用地面积的 31%[24]，其中住宅占居住用地约为 95%。我国居住用地占比过低，国际上一般在 50% 左右，本书假设 2030 年居住用地比例达到 36%，住宅占比不变。

城市土地资源稀缺，合理控制住房容积率对城市规划和居民生活有重大参考价值。在美国 125 个城市中，人口密度增加 10% 会导致居民生活能耗降低 3.5%[25]。而在日本，中心城市密度过高会导致居民生活能耗变高[26]。我国城市居住用地平均容积率和居民用电能耗存在"U"形曲线关系，调查研究显示，城市居住用地平均容积率大约在 0.995 时，居民人均用电能耗最低[27]。

在城市规划中，要根据实际情况合理控制人口密度。在土地资源约束下，利用城市居住用地面积和比例、人口数量等，结合住房容积率可以计算出合理的人均住房面积，如公式（2.2-1）所示：

$$a = A \times \rho_{re} \times p_{re,1} \times \theta \div P \tag{2.2-1}$$

式中：a 为城镇人均住房面积，m²/人；A 为城镇空间控制指标，万 km²；ρ_{re} 为居住用地比例；$\rho_{re,1}$ 为住宅占居住用地比例；θ 为城镇居住用地容积率；P 为城镇常住人口数量，亿。

基于表 2.2-3 中我国城镇发展的相关数据，利用公式（2.2-1）可以估算出在土地资源和城镇化发展的约束下，2020 ~ 2030 年人均住房建筑面积应控制在 36 ~ 40m²。

我国城镇发展指标统计及预测 表 2.2-3

年份	城镇空间指标 / 万 km²	居住用地比例 /%	住宅占居住用地比例 /%	居住用地容积率	总人口 / 亿	城镇化率 /%
2020	1021	32	95	0.995	14.0	61.6
2030	1167	36	95	0.995	14.1	70.3

根据上述分析结果，假设 2020 年城镇人均住房面积为 32 m²/人，本书对未来城镇人均住房面积发展设置了三个情景：在基准情景下，住宅空间和公共空间达到舒适的状态（对标奥地利等国），保持目前的惯性发展，到 2035 年，我国人

均 GDP 达到中等发达国家水平时，城镇人均住房面积达到 45m²/ 人；中等控制情景下，住宅空间和公共空间实现基本舒适（对标意大利、法国等），2035 年之后达到 42m²/ 人；严格控制情景下，住宅空间和公共空间实现高度简约（对标捷克、匈牙利等），2035 年之后达到 38m²/ 人。对于农村住宅采用同样的方法进行分析。由于未来进一步城镇化发展，农村人均住宅的增长速率将有所降低，基准情景下 2035 年达到 57m²/ 人，2050 年达到 60m²/ 人，在中等控制情景下 2035 年达到峰值 55m²/ 人，而在严格控制情景下 2030 年达到峰值 51m²/ 人，之后将维持不变。

4）单位公共建筑面积

本书以历史数据为基础，参考发达国家发展趋势，结合我国国情，对未来我国各类公共建筑面积指标分别进行预测，如表 2.2-4 所示。

未来我国各类公共建筑预测 表 2.2-4

建筑类型		预测指标	当前	基准情景	中等控制情景	严格控制情景
基础服务类公共建筑	医疗	床均面积	107m²	床均面积逐年增加，2035 年增长到 140m²，2060 年达到 150m²		
		床位数	6 张 / 千人	按照当前速度增长，2030 年达到日韩国家水平 15 张 / 千人，之后缓慢下降	缓慢增长，2035 年达到 9 张 / 千人，之后开始下降	床位数开始下降，2060 年约为 5 张 / 千人，接近瑞士目前水平
	党政办公	从业人数	9100 万	2018 年党政办公人数占总人口数 6.5%，未来将维持这一比例		
		人均面积	33m²	按照当前速度增长，2035 年增长到 43.5m²，2060 年达到 48m²	增长放缓，2035 年达到 39m²，2060 年达到 40m²	人均面积增幅较小，2060 年达到 35m²
	教育	生均面积	13.5m²	生均面积逐年增加，2035 年增长到 14.5m²，2060 年达到 15m²		
		学生数	3.1 亿	2060 年在校生数占总人口比例达到 33%，2035 年学生数 4 亿，2060 年约 4.2 亿	2060 年在校生数占比 28%，2035 年学生数达 3.6 亿，2060 年约 3.65 亿	2060 年在校生数占比达到 26%，2035 年学生数达 3.4 亿，2060 年达到 3.5 亿
	文化	每万人拥有量	480m²	迅速增长，2020～2060 年平均增速 2.2%，每万人拥有量在 2035 年将达到 710m²，2060 年达 940m²	2020～2060 年平均增速 1.7%，每万人拥有量在 2035 年将达到 650m²，2060 年达 800m²	增速放缓，2020～2060 年平均增速 1.5%，每万人拥有量在 2035 年将达到 625m²，2060 年达 740m²
	交通	汽车年客运量	133 亿	呈下降趋势，2020～2060 年平均年客运量达总人口数 7.5 倍，年客运量在 2060 年达到 79 亿人次	逐年下降，2020～2060 年平均年客运量达总人口数 6.5 倍，年客运量在 2060 年达到 67 亿人次	快速下降，2020～2060 年平均年客运量达总人口数 5.5 倍，年客运量在 2060 年达到 55 亿人次

续表

建筑类型		预测指标	当前	基准情景	中等控制情景	严格控制情景
基础服务类公共建筑	交通	港口年客运量	2.8亿	呈上升趋势，2020～2060年年客运量占总人口比例平均为22.3%，年客运量在2060年达到3亿人次	涨幅较小，2020～2060年年客运量平均占比为21.7%，2060年达到2.9亿人次	几乎不变，2020～2060年年客运量平均占比为21.1%，2060年达到2.9亿人次
		铁路年客运量	35亿	增长迅速，2020～2060年平均年客运量总人口数3.8倍，年客运量在2060年达到65亿人次	逐年增长，2020～2060年平均年客运量达总人口数3.5倍，2050年达到59亿人次	增长放缓，2020～2060年平均年客运量达总人口数3.2倍，2060年达到52亿人次
		机场年客运量	6.3亿	快速增长，2020～2060年年客运量占总人口比例平均为60%，年客运量在2060年达到9.9亿人次	逐年增长，2020～2060年年客运量平均占比为57%，年客运量在2060年达到9.2亿人次	缓慢增长，2020～2060年年客运量平均占比为54%，年客运量在2060年达到8.5亿人次
商业类公共建筑	写字楼	三产占比	53%	假设2050年达到发达国家水平，三产占比70%		
		三产增加值	60万亿	增长迅速，2020～2060年平均增速6.5%，2060年达390万亿	2020～2060年平均增速6%，2060年达330万亿	2020～2060年平均增速5.5%，2060年达280万亿
	商业	住宿业从业人均面积	32m²	从业人均面积增长较快，2035年达到67m²，2060年达到75m²		
		住宿业从业人数	517万	先上升后下降，2035年达到1480万，2060年下降到1115万	缓慢增长，2060年约为890万	增幅较小，2060年约为665万
		餐饮业从业人均面积	35m²	从业人均面积逐年增长，2035年达到59m²，2060年达到65m²		
		餐饮业从业人数	631万	迅速增长，2035年达到940万，2060年达到950万	缓慢增长，2060年达到680万	逐年下降，2060年下降为590万
	商业	批发业从业人均面积	36m²	从业人均面积增长幅度较小，2035年达到39m²，2060年达到40m²		
		批发业从业人数	2113万	增长，2035年达到2490万，2060年达到2635万	缓慢增长，2060年达到2530万	增幅较小，2060年约为2380万
		零售业从业人均面积	65m²	从业人均面积逐年增长，2035年达到76m²，2060达到80m²		
		零售业从业人数	2013万	先上升后下降，2035年达到2720万，2060年下降到2690万	几乎不变，2060年约为2240万	逐年减少，2060年约为1970万

（3）建筑规模预测

1）各类民用建筑规模预测

基准情景下，我国民用建筑总量将在 2040 年达到峰值 935 亿 m²，2035 年民用建筑总量约为 929 亿 m²，届时城镇人均居住面积达到峰值 45m²，城镇住宅面积达 460 亿 m²，农村人均居住面积达到 57m²，农村住宅面积 215 亿 m²，公共建筑面积达 254 亿 m²，如图 2.2-6 所示。

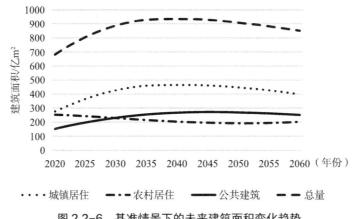

图 2.2-6　基准情景下的未来建筑面积变化趋势

中等控制情景下，在 2035 年我国民用建筑总量达到峰值 846 亿 m²，比基准情景总量峰值降低近 90 亿 m²。在 2035 年，城镇人均居住面积达到峰值 42m²，城镇住宅面积达 430 亿 m²，农村人均居住面积达到峰值 55m²，农村住宅面积 206 亿 m²，公共建筑面积达 210 亿 m²，如图 2.2-7 所示。

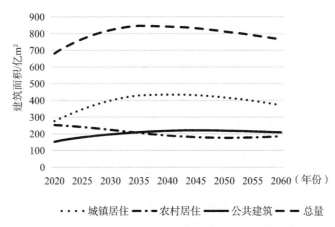

图 2.2-7　中等控制情景下的未来建筑面积变化趋势

严格控制情景下，同样在 2035 年我国民用建筑总量达到峰值，约 763 亿 m²，比基准情景总量峰值降低 172 亿 m²。2035 年，城镇人均居住面积达到峰值 38m²，城镇住宅面积达 389 亿 m²，农村人均居住面积达到 51m²，农村住宅面积 191 亿 m²，公共建筑面积达 183 亿 m²，如图 2.2-8 所示。

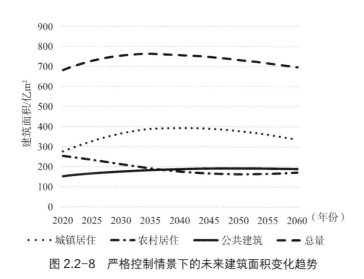

图 2.2-8　严格控制情景下的未来建筑面积变化趋势

2）北方城镇供暖面积预测

我国北方地区位于秦岭 - 淮河线以北，大兴安岭 - 乌鞘岭以东，面积约占全国的 20%，人口约占全国的 40%。本书主要针对集中供暖覆盖率较大的 15 个省份及直辖市，包括北京、天津、河北、内蒙古、黑龙江、吉林、辽宁、山西、陕西、河南、山东、甘肃、青海、宁夏和新疆。

我国北方城镇建筑面积由北方城镇居住建筑面积和北方城镇公共建筑面积两部分组成。根据我国各省市建筑规模的统计和《中国统计年鉴》中各地区城市集中供暖情况表，由集中供暖面积比上城镇建筑面积可得各省集中供热率。但是统计年鉴中并未统计非经营性集中供暖数据，参考各地区供热专项规划中集中供暖面积现状，对各省集中供热率进行修正。根据我国北方供暖现状及集中供暖规划，本书对未来我国北方城镇地区各省市的集中供热率预测如表 2.2-5 所示。

未来我国北方城镇地区各省市的集中供热率　　　　　　　表 2.2-5

	2020 年	2025 年	2030 年	2035 年	2040 年	2045 年	2050 年	2055 年	2060 年
北京	85%	90%	94%	99%	100%	100%	100%	100%	100%
天津	99%	100%	100%	100%	100%	100%	100%	100%	100%
河北	95%	100%	100%	100%	100%	100%	100%	100%	100%
山西	75%	79%	83%	87%	91%	95%	99%	100%	100%

	2020 年	2025 年	2030 年	2035 年	2040 年	2045 年	2050 年	2055 年	2060 年
内蒙古	90%	95%	100%	100%	100%	100%	100%	100%	100%
辽宁	72%	76%	80%	84%	87%	91%	95%	99%	100%
吉林	72%	75%	79%	83%	87%	91%	94%	98%	100%
黑龙江	72%	76%	80%	84%	87%	91%	95%	99%	100%
山东	73%	77%	81%	85%	89%	93%	96%	100%	100%
河南	45%	47%	50%	52%	55%	57%	59%	62%	64%
陕西	43%	45%	48%	50%	52%	55%	57%	59%	61%
甘肃	72%	75%	79%	83%	87%	91%	94%	98%	100%
青海	25%	26%	28%	29%	30%	32%	33%	34%	36%
宁夏	63%	66%	70%	73%	77%	80%	83%	87%	90%
新疆	60%	63%	66%	70%	73%	76%	79%	83%	86%

北方城镇供暖既包括集中供热面积，也包括一部分集中供热管网未能覆盖到的分散供暖区域。根据我国北方各省市城镇建筑面积总量，结合表 2.2-5 中北方城镇集中供热率，可以得出我国北方地区各省市集中供暖面积和分散供暖面积。未来我国北方城镇地区集中供暖面积和分散供暖面积如图 2.2-9 所示，基准情景下，北方城镇供暖面积在 2040 年左右达到峰值 303 亿 m²，其中集中供暖面积在 2045 年达到峰值 257 亿 m²；中等控制情景下，北方城镇供暖面积在 2040 年达到峰值 270 亿 m²，其中集中供暖面积在 2045 年达到峰值 229 亿 m²；严格控制情景下，北方城镇供暖面积在 2040 年达到峰值 240 亿 m²，其中集中供暖面积在 2050 年达到峰值 204 亿 m²。

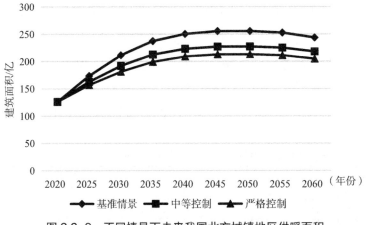

图 2.2-9　不同情景下未来我国北方城镇地区供暖面积

2.2.2 建筑领域绿色低碳发展预测

（1）情景设定

基于我国建筑领域建筑能耗和碳排放现状，结合绿色低碳发展影响因素分析，根据政策发展、设备能效提升、用能强度发展、能源结构变化等不同进程，将建筑运行碳排放总量及能耗总量预测划分为三种情景，分别是基准情景、中等控制情景和严格控制情景。基准情景即未来低碳政策实施将保持现状不变。中等控制情景为在建筑部门低碳政策的推动下，终端用能设备能效提升及普及，各类建筑单位面积的能源消耗量得到控制。严格控制情景为中等控制情景的扩展，进一步考虑了其他部门（主要指电力部门）的减排政策对建筑部门碳排放的影响。三种情景的描述见表2.2-6。

建筑运行碳排放总量及能耗总量预测情景设定　　　　　表2.2-6

	情景描述			
	政策机制	设备能效	标准执行	碳排放因子
基准情景	既有建筑低速改造，新建建筑逐步执行《近零能耗建筑技术标准》，逐步利用可再生能源等	2021～2025年主要设备能效提升1.5%，2026～2035年主要设备能效提升3%，2036～2060年主要设备能效提升4.5%；家用电器效率持续提升	《近零能耗建筑技术标准》执行率：2021～2025年为10%，2026～2035年为20%，2036～2060年逐步提升，到2060年实现100%	电力碳排放因子假定保持为原来发展水平不变
中等控制情景	既有建筑中速改造，新建建筑快速执行《近零能耗建筑技术标准》，大力发展可再生能源等	2021～2025年主要设备能效提升3%，2026～2035年主要设备能效提升6%，2036～2060年主要设备能效提升9%；家用电器效率快速提升	《近零能耗建筑技术标准》执行率：2021～2035年逐步提升6%～10%，2036～2060年全面执行	清洁能源发电量占全部发电量的比重，2035年达到42%、2060年达到50%
严格控制情景	既有建筑高速改造，新建建筑快速执行近零能耗建筑，高速发展可再生能源等	2021～2060年，每年主要用能设备能效逐年提升1%；家用电器效率快速提升	《近零能耗建筑技术标准》执行率：2021～2025年为20%，2026～2060年全面执行	清洁能源发电量占全部发电量的比重，2030年达到48%、2060年达到85%

（2）建筑运行能耗总量预测

在基准情景建筑面积下，按照本节设定的基准情景、中等控制情景和严格控制情景进行建筑领域一次能源消耗量测算，中等控制情景下的一次能源消耗量上限约为19亿tce，并于2035年左右进入峰值平台期，符合我国2030年碳达峰约束下全社会能源消耗上限的建筑领域能耗控制目标。其中，公共建筑（不含北方供暖）一次能源消耗量在 2035 年左右达峰，约为 7.5 亿 tce，城镇住宅（不含北方供暖）一次能源消耗量在 2035 年左右达峰，约为 5.9 亿 tce，农村住宅一次能源消耗量在 2025 年左右达峰，约为 3.3 亿 tce，北方集中供暖一次能源消耗量在 2025 年左右达峰，约为 2.3 亿 tce，四个用能分项建筑能耗控制目标如图 2.2-10 所示。

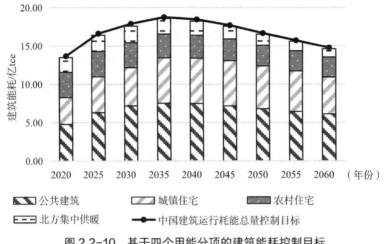

图 2.2-10　基于四个用能分项的建筑能耗控制目标

（3）建筑运行碳排放总量预测

以建筑规模基准和中等控制情景下的建筑面积预测数据为基础，测算出表 2.2-6 设定的基准情景、中等控制情景和严格控制情景下碳排放预测值，如图 2.2-11 所示。结果显示，在基准情景建筑面积下，建筑运行碳排放和运行能耗构建的基准情景下，建筑运行碳排放量将于 2035 年左右达峰，约 29 亿 t CO_2，在中等控制情景下可实现 2030 年达峰要求，峰值约为 26 亿 t CO_2。

在中等控制情景建筑面积数据下，本节设定的三种情景，均能在 2030 年及以前实现建筑运行碳排放量达峰，峰值分别约为 26.0 亿 t（基准情景，2030 年达峰）、23.6 亿 t（中等控制情景，2025 年达峰）、21.5 亿 t（严格控制情景，2020 年达峰）。

因此，要使得建筑碳排放在 2030 年前达峰，建筑面积可以按照基准情景发展，但是需要实现能耗和碳排放中等程度控制，即需要建筑领域低碳政策推动，如终端用能设备能效的提升及普及，各类建筑单位面积的能源消耗量得到控制，同时进一步考虑其他部门的减排政策（主要指电力和热力部门）对建筑部门碳排放的影响，如 2030 年清洁能源发电达到 40%，公共建筑电气化水平达80% 左右，农村采用更高比例的可再生能源，北方供暖清洁能源占比达 24.5%

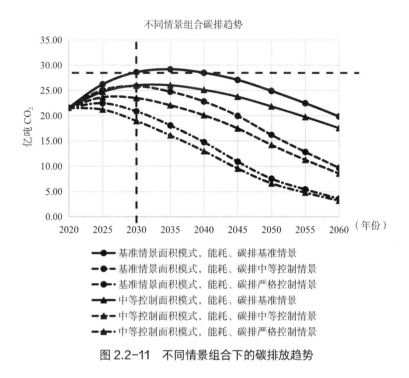

图 2.2-11　不同情景组合下的碳排放趋势

等。同时，通过各种节能措施，控制建筑能耗强度增长，如新建建筑"一步到位"，在夏热冬冷地区和北方地区新建建筑中率先执行《近零能耗建筑技术标准》GB/T 51350—2019，用能设备能效提升 3% 等。

按照建筑运行中一次能源（煤炭、天然气、液化石油气等）消耗产生的碳排放为建筑运行直接碳排放，电力及热力使用带来的碳排放为间接碳排放进行划分，在建筑面积基准情景、能耗和碳排放中等控制情景下的直接碳排放和间接碳排放预测结果如图 2.2-12 所示。

2.2.3　绿色低碳发展目标

（1）总体目标

综合考虑经济社会发展需要、保障人民美好生活需求，以及能源供给、经济成本等因素，以建筑规模基准情景预测结果为基础，以建筑能耗总量和建筑运行碳排放总量中等控制情景预测结果作为建筑领域绿色低碳发展的约束目标，如图 2.2-13 所示。绿色低碳发展总体目标：我国建筑面积在 2035 年左右达峰，总量为 900 亿 m² 左右，到 2060 年为 850 亿 m² 左右；建筑运行能耗总量在 2035 年达峰，消耗量为 19 亿 tce 左右，而后在 2060 年逐渐下降至 15 亿 tce；建筑领域碳排放量将在 2030 年左右达峰，峰值约 26 亿 t CO_2，到 2060 年逐渐下降到 10 亿 t CO_2 左右。

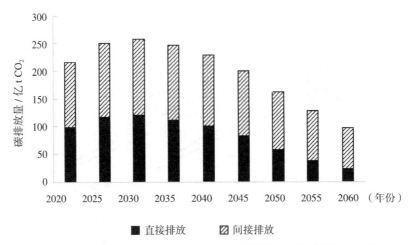

图 2.2-12 中等控制情景下建筑运行直接碳排放与间接碳排放预测结果

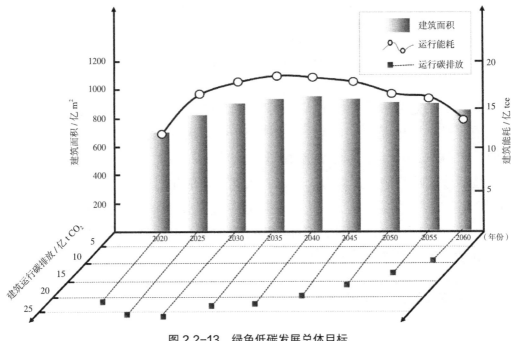

图 2.2-13 绿色低碳发展总体目标

（2）具体目标

我国民用建筑面积总量达到峰值时，城镇住宅面积控制在 460 亿 m^2，城镇人均住宅面积 45m^2，农村住宅面积控制在 215 亿 m^2，农村人均住宅面积 57m^2，公共建筑面积控制在 267 亿 m^2。我国建筑运行碳排放达峰时，北方供暖占比约 14%，城镇住宅占比约 30%，农村住宅占比约 18%，公共建筑占比约 38%，北方城镇供暖、公共建筑、城镇住宅、农村住宅四个用能分项的建筑运行碳排放具体目标见图 2.2-14 所示。城镇住宅运行碳排放将在 2030 年左右达到峰值 7.8 亿 t CO_2，农村住宅运行碳排放也在 2030 年左右达到峰值 4.7 亿 t CO_2，公共建筑运行碳排放将在 2035 年左右达到峰值 9.9 亿 t CO_2，北方供暖运行碳排放将在 2025 年左右达到峰值 3.5 亿 t CO_2。

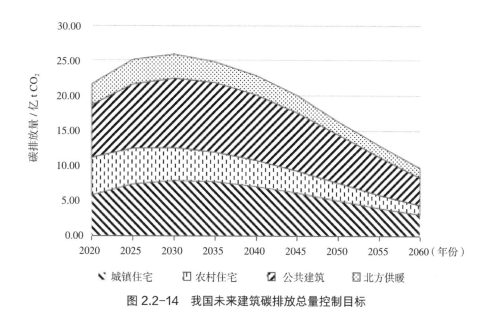

图 2.2-14　我国未来建筑碳排放总量控制目标

2.3　建筑领域绿色低碳发展重点任务

为顺利实现以上建筑规模总量、运行能耗总量、碳排放总量等控制目标，划分为近期（2021～2025 年）、中期（2026～2035 年）、远期（2036～2060年）三个时间段分解建设发展总体目标，遵循"目标约束、路线清晰、区域协调、因地制宜"的构建原则，从政策机制、标准规范、技术体系、市场模式提出建筑领域绿色低碳发展重点任务。

2.3.1　强化政策机制引导，推动绿色低碳顶层设计

（1）控制我国建筑面积总量

未来我国建筑面积控制在 900 亿 m^2 以内，在此目标下，建筑规模总量规划目标拆分到各省市，根据未来人口规模明确建筑总量，制定并严格执行建筑控制规划。控制新建居住建筑建设规模，引导住宅改善需求向以建筑改造转变，提高居住质量。针对房价过高以及地方政府以转让土地为地方收入主要来源的

问题，利用税收等调控房价，引导资金从房地产投资转向其他领域，从而抑制房价上涨，规范房地产市场的健康平稳运行。制定房屋转让规则，提高房屋转让成本，从市场方面遏制投资性购房。

（2）分阶段稳步推进既有建筑改造

目前建筑的节能改造面临的障碍主要在于节能改造的效益不明显，建筑节能的监管力度不够等方面。以2019年及之前建造的城镇住宅作为改造对象，率先进行严寒地区和寒冷地区的既有建筑节能改造，夏热冬暖、夏热冬冷和温和地区逐年增加改造面积。既有建筑改造可以减少拆除旧建筑消耗的大量人力物力、提升旧建筑的活力，还可以改善城市建设环境。通过财政补贴示范引领、合同能源管理机制政策扶持、建筑节能改造市场培育等创新节能措施，推进既有建筑开展门窗、遮阳设施、空调系统、照明系统的节能改造，稳步推进既有建筑节能低碳改造，降低建筑能耗，提升能效水平，提高建筑绿色品质。

（3）推进能源清洁化利用

稳步提升太阳能、浅层地热等可再生能源在建筑部门中的使用。推进实施城乡及建筑电气化工程，扩大建筑终端用能清洁电力替代，积极推动以电代煤、以电代油、以电代气，解决建筑用能需求。建立可再生能源建筑应用运行管理、系统维护的模式，确保项目稳定高效运行。鼓励采用合同能源管理等多种融资管理模式支持可再生能源建筑应用。

（4）鼓励绿色低碳技术创新

加强供暖、制冷、照明、热水等领域的高效技术的创新和推广。对重大节能低碳技术进行评估，对节能潜力较高的节能低碳技术优先进行支持，通过资金等优惠手段大力鼓励企业对建筑领域的节能低碳技术进行技术创新，对于落后的低效技术通过征收能源税或碳税的方式进行逐步淘汰。

（5）加快节能标准制定和执行

强化顶层设计，分区域指导，进一步强化我国近零能耗建筑发展的设计，将发展近零能耗建筑纳入相关法规政策框架中，根据我国不同地区经济发展水平、技术发展水平和产业成熟度的差异，制定分区域推进的规划、目标与实施路径，在有条件的地区逐步提高近零能耗建筑强制性发展比例。

2.3.2　加强标准规范引领，增强建筑能耗控制力度

（1）研究建立匹配发展阶段的更高性能技术标准

分地区、分类型提升强制性新建建筑节能性能，以全文强制标准《建筑节能与可再生能源利用通用规范》为核心抓手，逐步提升至近零能耗建筑乃至零

能耗建筑水平。积极鼓励和引导有条件的地区，推广超低能耗建筑、近零能耗建筑、零能耗建筑、零碳建筑，在严寒、寒冷地区和夏热冬冷地区率先执行《近零能耗建筑技术标准》GB/T 51350—2019，完善夏热冬暖地区超低能耗建筑、近零能耗建筑技术标准。

（2）健全完善绿色低碳发展标准体系

推动建筑领域绿色低碳发展市场自主制定的团体标准，构建国家强制性规范——政府推荐性标准——团体引领性标准三个标准层级。完善可再生能源建筑应用施工、运行、维护标准，加强相关关键设备、产品的市场监管及工程准入管理。建立健全装配式建筑设计、生产、施工、构件产品等标准，提升构件设计、生产、施工等质量水平，编制适用的装配式建筑图集，引导装配式建筑更健康地发展。

（3）深化建筑碳排放计算和核查标准

推进国家现行标准《建筑碳排放计算标准》GB/T 51366—2019 和《中国建筑碳排放通用计算方法导则》的应用，完成国家标准《零碳建筑技术标准》制定。针对商务楼宇、酒店、会展中心等大型公共建筑，进一步出台针对性强的建筑碳排放相关标准。对标国际通用的温室气体核查标准，完善健全建筑领域的碳排放核算标准、碳排放强度控制标准、低碳减碳技术标准等，借助信息化手段，实现碳排放情况监测追踪。在中长期还应考虑以项目规范进一步推进建筑领域绿色低碳发展，以此明确绿色低碳发展的基本要求、功能和性能指标，为建筑领域绿色低碳发展提供技术法规基础。

2.3.3　推进创新技术研发，提升建筑智慧化水平

（1）加速绿色低碳新型建材研发和利用

加强科技创新，重点提升建筑围护结构性能，推广适应被动式设计的室内环境营造技术和本土技术，发展新型保温材料，研发零能耗、零碳建筑、产能建筑建造技术，推广新型绿色低碳建材，推动零能耗、产能建筑、零碳农宅、产能农房的建设方式，到远期形成成熟的零能耗、零碳建筑设计和建造技术。探索碳汇技术及产品开发应用，推动绿色建材发展，增加生物碳汇，研发高性能碳汇水泥、碳吸收建筑构件，实现围护结构减碳技术的突破。

（2）推动清洁能源开发利用先进技术

推广热电联产集中供暖技术和工业余热利用技术模式，试点水热同产同送、干热岩、深层地热、相变储能供热等新型技术，远期发展核能供热技术，全面推广多热源联网协同可再生能源利用技术。充分利用信息技术和日趋成熟的智

能电网技术，全面推广热网高智慧调度、无人值守热力站技术，探索跨区域长距离输热技术，中远期发展基于数字孪生的智慧热网技术等先进技术，培育智慧用能新模式，构建新型城区级"一网多源"供热模式。

（3）研发高性能智慧化设备产品

研发高效建筑设备，推广 LED 智慧照明控制系统、复合能源供能系统与柔性用电技术，降低新型空调机组成本，提升设备系统智能水平，建筑制冷总体能效水平提高 25%；发展末端设备调控装置，推动基于人行为的运行控制技术和产品的研发，发展基于 BIM、物联网、大数据等技术的智慧运维控制系统，推广运行调适技术。中远期促进 5G、WiFi 定位、图像识别等技术与建筑调控系统的融合，研发新型供需匹配系统，推动供需智能调节系统投入使用，推广低成本、低能耗建筑设备，提升建筑自控系统调控能力。持续推进家居智慧化控制，强化低碳导向市场活力并进一步普及绿色生活方式，以充分利用社会、经济和技术发展成果。农村地区开展智慧乡村示范建设，形成智慧乡村服务平台，实现美丽乡村信息数字化，打造"农村＋农业"低碳生活休闲区。针对进入市场的新型用能设备应及时制定对应的强制性能效标准，并将其中用能较高的设备加入能效标识实施产品。在中远期建立零碳社区、产能社区建设试点，循序渐进、以点带面实现节能降碳向产能汇碳的跨越转变。

2.3.4 积极培育市场模式，创新绿色低碳发展路径

（1）发展供热、售热分离服务模式

在近期积极开展分栋供热计量收费试点工作，探索供热、售热分离机制模式，在条件较好的省市地区试点成立售热服务公司，探索售热服务模式，培育市场参与主体，建立市场竞争模式。全面考虑和协调所有用户、热力公司以及地方政府的利益。提高市场参与度，促进售热竞争，完善和推广供售分开的市场体制，有效发挥市场对资源的配置作用，借助市场经济推动供热节能绿色发展。此阶段需要循序渐进推广，根据各地原有供热系统特点逐步进行，充分保障体系的平稳过渡。到远期全面执行成熟合理的供热计量收费制度，供热输配公司借助不断提升的供热节能技术不断优化和降低自身供热成本，售热服务公司不断优化技术服务水平，通过智慧化末端计量调节装置降低末端用热量，提升室内环境舒适度的同时降低能源消耗。

（2）发展碳交易市场

坚持能耗统计、能源审计、能效公示制度，亟须公共建筑节能改造重点城市试点，在总结前期经验的基础上，继续支持公共建筑能效提升综合试点城市

开展公共建筑能耗定额管理，为碳定额基准值的确定和碳交易规则的制定提供数据支撑。借助 2021 年启动的全国碳排放交易市场，积极纳入建筑领域重点排放单位，利用市场机制控制和减少建筑领域碳排放。在民用建筑领域探索放开"碳排放"的第三方核查机构的市场管理机制，让有资质和技术实力的企业，特别是具备全过程、全产业链服务能力的单位发挥市场化优势，提供"减碳和低碳"发展规划与技术咨询服务。通过建立统一标准约束碳审计工作，政府发挥引导作用促进碳审计的推广使用，融合保险公司、交易所等机构建立碳审核会计制度[28]。同时促进大数据等新兴技术在碳审计领域发挥作用，积累不同地区、不同类型公共建筑的碳排放数据，提升碳审计工作效率。

（3）发展绿色金融体系

加快完善建筑节能改造市场机制，推动建筑节能服务机构为建筑运行和既有民用建筑节能改造提供合同能源管理服务。继续推动大型公共建筑运行能耗总量约束政策，加快融合其他行业进入公共建筑节能领域，提升公共建筑节能效益，鼓励绿色金融发展，引导建立更为完善的市场机制。建立完善碳审核制度，在试点建筑或城市内进行推广试用，逐步推进相关政策走向成熟。鼓励合同能源管理、PPP 等市场化模式实施节能改造。全面完善公共建筑能耗监测平台，按期进行能耗水平评估与管理，增强业主的能耗关注度，提升建筑运行管理水平，培育建筑节能服务市场。

（4）引导绿色低碳生活模式

积极推进健全建筑能效标识制度，引导城镇住宅面积适度发展并形成良好的用能习惯，倡导城市居民绿色低碳的生活消费模式，宣传绿色节能的电器使用方式。适度控制各类家用电器保有量提升带来的用电增长，推广节能灯具，到 2035 年左右实现全面普及。推动智能家居的行业发展，推广用电智能管理系统，发展更适应人民生活水平的智能用电体系。进行绿色行为宣传，建议采用满足大部分住户基本用能需求的"适度型"用能模式，避免用能浪费。完善居民阶梯电价、居民生活税费政策（能源环境税、碳税、房产税）、供热收费体制改革等政策措施的推进实施。

3

北方城镇集中供暖绿色低碳发展路径研究

3.1 北方城镇供暖用能现状及特性

3.1.1 北方城镇供暖用能现状

（1）北方城镇供暖总体概况及特点

北方城镇供暖地域主要涵盖北方和西北地区，包括京、津、冀、晋、蒙、辽、吉、黑、鲁、豫、陕、甘、青、宁、新的全部市镇，以及川、藏、贵的部分城镇等。各地的供暖系统，其能量来源主要为燃煤、燃气和电力等。根据热源系统形式及规模进行分类，可分为大中小规模的热电联产、区域燃煤燃气锅炉、热泵集中供暖等方式。

《中国建筑节能年度发展报告 2020》揭示了我国当前的能源使用状况，2018 年我国北方城镇供暖建筑面积为 147 亿 m²，用电量 571 亿 kWh，商品能耗总量占全国建筑总能耗的 21%，达 2.12 亿 tce，能耗强度为 14.4kgce/m²。近十年里北方城镇供暖能耗总量逐年增长，调查表明，2008～2018 年我国的供热能耗总量由 1.73 亿 tce 增长到 2.12 亿 tce，增长了 22.5%（图 3.1-1）。

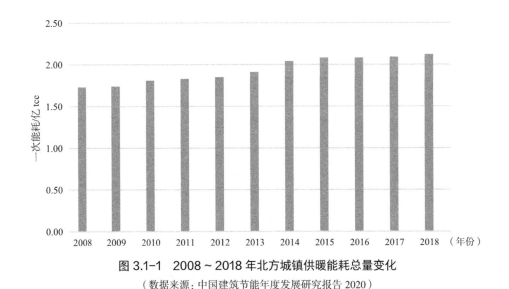

图 3.1-1 2008～2018 年北方城镇供暖能耗总量变化

（数据来源：中国建筑节能年度发展研究报告 2020）

碳排放方面，2018 年，北方城镇供暖碳排放总量为 5.5 亿 t CO₂，较 2017 年的 5.29 亿 t CO₂ 增长了 3.97%，2017 年北方各省市向住房和城乡建设部上报的清洁取暖汇报文件显示，北方地区供暖系统的热源结构中燃煤供暖是最主要的供暖手段，其供热面积约占总体供热面积的 77%（其中燃煤热电联产供暖面积占比 45%，燃煤锅炉占比 32%），单位建筑面积的碳排放强度较大，为 37.3kg CO_2/m^2，在建筑分类碳排放强度中排在第二位。

（2）北方城镇供暖清洁取暖的推进

北方地区冬季供暖不仅能源消耗量巨大，与此同时由于长期以来以燃煤为主的冬季燃烧取暖向大气排放污染物，带来了污染问题，成为近年来北方地区冬季形成雾霾的主要原因之一，这是北方城镇清洁供暖面临的主要问题。为了解决北方城镇供暖带来的能源消耗大、环境污染等问题，我国采取了一系列的措施，取得了显著效果。

1）从政策层面上高度重视清洁取暖工作

作为对于采用以燃煤手段为主的供暖方式而导致的大气污染等问题的应对办法，"清洁取暖"于 2016 年 12 月 21 日在中央财经领导小组第十四次会议上提出，并且立刻得到了北方广大人民群众的认可和支持。在此之后，政府从未放松过对这项工作的推进，并于 2017 年 3 月提出"坚决打好蓝天保卫战"的宣言，要求进一步推动北方冬季清洁取暖工作的进行，使得"清洁取暖"达到了新的境地[29]。

2）从规划层面上制定北方地区冬季清洁取暖工作规划

2017 年 12 月，国家发改委、能源局、财政部、环保部等十部委联合制定《北方地区冬季清洁取暖规划（2017—2021 年）》（发改能源〔2017〕2100 号），对清洁取暖的内涵做出了明确的诠释，提出清洁供暖具体推进策略，为开展清洁取暖指明了方向。文件中明确要求，截至 2019 年，我国北方的清洁取暖率应达到 50%，在接下来的时间内还要进一步扩大范围，于 2021 年达到 70%。雾霾严重的城镇地区争取在 5 年内完成散煤供暖清洁化的目标，并开拓出标准化、规范化、多元化的清洁供暖市场。

3）从实施层面上开展冬季清洁取暖试点工作

近 4 年，中央财政累计投入近 500 亿元，支持北方 63 个试点城市开展清洁取暖。截至 2020 年底，清洁取暖面积达到 144 亿 m^2，清洁取暖率达到 65%，累计替代散烧煤超过 1 亿 t。统计数据显示，自清洁取暖在北方地区实施以来，多省散烧煤的使用数量极大程度降低，减排二氧化硫 78 万 t、氮氧化物 38 万 t、非化学有机物 14 万 t、颗粒物 153 万 t。清洁取暖已经成为促进北方地区大气污染物减排的重要举措，北方地区清洁取暖工作取得了极大的成果[30]。

3.1.2　北方城镇供暖用能特点

（1）北方城镇供暖能耗强度高

目前我国北方城镇建筑 70% 左右采用集中供热网，城镇供热面积占建筑面积总量不到 1/4，但是能源消耗却约占建筑能耗总量的 1/4，这表明北方城镇供暖能耗强度高于用能分类的平均水平。2018 年北方城镇供暖能耗强度为 14.4kgce/m²。长久以来北方城镇供暖一直是建筑节能的重点领域，导致北方城镇供暖能耗强度高的原因主要包括四个方面[31]：

一是节能建筑占比小，围护结构保温性差。截止到 2016 年，新建成的建筑中超过一半为非节能建筑，而非节能建筑存在围护结构保温性能差的问题，尤其是门窗部分普遍存在传热系数高、气密性差的情况，这无疑提高了北方供暖能耗强度。

二是整体供热不均匀。现阶段由于集中供热系统调节性能不高，没有分户计量、分室控温等有效的调节方法，致使很多小区存在楼宇间、上下楼层间热力失调、冷热不均。《中国建筑节能年度发展研究报告 2019》实际调研数据表明，北方部分地区供暖过量导致的供热损失普遍在 10%～20%。

三是管网热损失严重。供热管网热损失主要来自管网失修漏水以及渗水、保温破损和水力失衡失调。保温层脱落或者漏水等年久失修管网造成的热损失最高可达所输送热量的 30%[32]。

四是供热系统热源效率较低。北方供热热源结构以燃煤供暖为主，燃煤锅炉热效率低下，燃煤供热面积占比约 77%。

（2）北方城镇供暖能耗强度持续下降

虽然北方城镇供暖能耗强度仍然处于较高水平，但通过历年来的纵向比较可以看出，其能耗强度近年来呈现持续下降的态势。能耗强度由 2008 年的 18.1kgce/m²，降低到 2018 年的 14.4kgce/m²，下降了 20.4%，年均下降 2.04%，下降比例趋势显著（图 3.1-2）。

我国北方城镇供暖能耗强度近年来呈明显的下降之势，究其原因，主要有以下两个方面：

一是建筑围护结构保温性能得到了提高。为了提高建筑围护结构的保温水平，我国采取了多项措施，制定了覆盖多气候区和建筑类型的建筑节能设计标准体系；开展节能专项审查工作，保证建筑围护结构的保温性能；推动既有居住建筑的节能改造工作，主要是建筑墙体的优化，提高其保温性能，降低建筑热负荷。

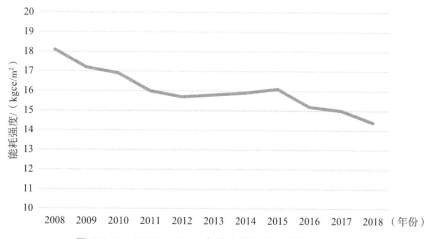

图 3.1-2 2008～2018 年北方城镇供暖能耗强度变化

（数据来源：中国建筑节能年度发展研究报告 2020）

二是高效和清洁供暖热源方式得到了推广。随着北方地区冬季清洁供暖工作的逐步推进，高效的热电联产集中供暖、区域锅炉方式大量取代小型燃煤锅炉房和户式分散小煤炉。煤改气、煤改电政策的推广增加了以燃气为能源的供暖方式，同时水源热泵、地源热泵和空气源热泵的供暖形式也快速发展，清洁能源的使用不断增加。此外，可再生能源供暖方式（如太阳能供暖和生物质供暖等）的出现对清洁供暖也进行了补充。

（3）北方城镇供暖能耗地域性明显

北方各个城镇的供暖能耗强度与其所处地区的气候条件有着密不可分的关系，严寒寒冷地区尤其是严寒地区的省市，供暖时间长达 180d，供暖能耗强度明显高于其他地方。严寒地区中，黑龙江、新疆和青海的供暖能耗强度最高，能耗强度为 18～21kgce/m²；其次为北京和天津的供暖能耗强度，约为 13.5kgce/m²；河南和山东的供暖能耗强度最低，约为 10.5kgce/m²[33]（图 3.1-3）。

此外，由于北方城镇供暖能耗总量大，能耗强度高，因此直接体现为北方地区民用建筑能耗（含供暖能耗）强度普遍高于南方地区。全国范围来看，能耗强度总排名前 7 位的省市分别为黑龙江、新疆、青海、北京、天津、河南、山东，均

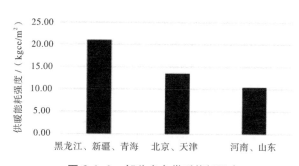

图 3.1-3 部分省市供暖能耗强度

为严寒寒冷地区城镇，由此可见，受气候影响，北方城镇供暖能耗地域性十分明显[34]。

3.2 用能影响因素及发展目标

3.2.1 影响因素

城镇集中供暖系统基础环节主要可以分为三个部分：热源、热网和末端热用户（图3.2-1）。热源产生的热量通过一次网输送到换热站，换热站再通过二次网将热量输送到末端热用户。集中供热系统的主要耗能环节包括热力用户的散热、管网热力输配损失、输配电耗等。最终总的能源消耗体现为热源的总体一次能源的消耗量和管网输配系统的电力消耗量两个方面。分析各环节的能耗特点和影响因素，则可以确定整个系统能耗的影响因素。

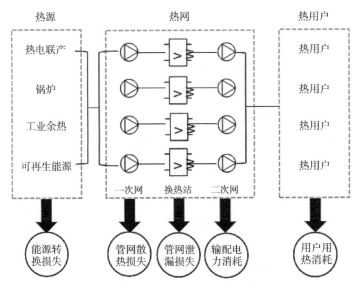

图 3.2-1 典型供热系统工作流程及耗能环节示意图

（1）热源环节

热源是一次能源实际消耗的源头，通过热源设备的转换，将一次能源转换为热量后输送到各热力用户。在固定的供热量情况下，热源系统形式、设备的能源转换效率都直接影响供热系统的能源消耗量。

1）热源种类及系统形式

我国北方供暖热源系统形式多样，目前较为常见的热源系统形式包括热电联产系统、燃气锅炉系统、工业余热系统以及地源热泵等可再生能源供热系统等。不同供热系统受一次能源形式、系统制热机理影响，能耗差别也较大。如热电联产和工业余热系统，通过回收发电和工业生产中的热量进行集中供热，在能源利用效率方面往往明显高于直接燃烧供热的锅炉系统。

燃煤热电联产污染物排放量与机组容量呈反比关系，尽管目前超低排放机组的污染物排放量已满足国家标准，但大量的小容量机组（如 100MW 以下）排放量依旧达不到国家标准[35]。

对于燃煤锅炉，20t/h 及以下的小型燃煤炉供暖煤耗高（高于 48kgce/GJ），且脱硫脱硝过程很难实现，单位供热量的污染物排放远高于大型锅炉；容量为 40t/h 以上的锅炉供暖煤耗一般在 42kgce/GJ 左右；大型集中供暖燃煤锅炉的煤耗可以低于 40kgce/GJ 甚至更低。大型锅炉采用了相应减排措施后，污染物排放浓度与锅炉容量关系不大，和具体技术过程有关。然而，目前还是有很多大型锅炉的排放超过了 2001 年国家标准限定的最高值。

对于燃气锅炉，效率与锅炉容量大小没有直接关系，小型锅炉燃烧温度低，NO_x 排放量也远低于大型燃气锅炉。20t/h 以上的大型燃气锅炉单位热量耗气量在 30~40Nm³/GJ。尽管燃气锅炉在燃烧过程中无硫化物和粉尘的排放，但会产生 NO_x。在产生相同热量的情况下，燃气排放的 NO_x 比燃煤少，约占其 70%[21]。

对于工业余热，我国北方供暖地区黑色金属冶炼、有色金属冶炼、非金属制造、化工等高耗能工业企业在冬季 4 个月内排放的低品位余热资源约有 30 亿 GJ，其中稳定余热资源约 20 亿 GJ（表 3.2-1）。

几种主要供热方式的供热煤耗和发电煤耗　　　　　　表 3.2-1

供热方式	供热煤耗	供电煤耗节约①
	kgce/GJ	gce/kWh
热电联产抽汽供热（130℃/60℃）	20.7	21
单台机组高背压（130℃/60℃）	20.3	27
两台机组高背压（130℃/60℃）	20.0	30
吸收式余热回收（130℃/60℃）	20.4	25
燃煤锅炉（130℃/60℃）	40.1	—
燃气锅炉（130℃/60℃）	31.6	—

供热方式	供热煤耗	供电煤耗节约①
	kgce/GJ	gce/kWh
电锅炉（60℃/45℃）	87.9	—
地源热泵（60℃/45℃）	21.5	—
污水源热泵（60℃/45℃）	19.1	—
分户空气源热泵（40℃/30℃）	28.7	—
集中空气源热泵（60℃/45℃）	34.4	—

①供电煤耗参考值为全国平均供电煤耗310gce/kWh。

2）设备能源转换效率

在同一热源形式下，热源采用设备的转换效率直接影响到热源的能源消耗。同样采用燃煤锅炉系统，大型燃煤锅炉耗煤量大约为43kgce/GJ，而小型燃煤锅炉则可达到57kgce/GJ。大型燃煤热电联产耗煤量是小型燃煤热电联产的近2倍。

（2）输配系统环节

供热管网作为连接热源与热力用户的纽带，起着实现热量的远程输送和分配的作用。热网输配过程的能源消耗主要包括两部分，一是输配系统中，输配水泵及其他设备的电力消耗，二是在输配过程中热网本身导致的热量损失。

1）管网输配电耗

输配电耗受到输配距离、管网流量、供热时长、水泵效率等因素影响，总体上，输配电耗约在 $2 \sim 7kWh/m^2$，折合标准煤约为0.13亿tce，约为供暖总能耗的5%~15%。目前北方地区热力站二次网耗电量为 $1 \sim 4kWh/m^2$，如果取 $2kWh/m^2$，则每平方米耗能约为650gce，占到供暖总能耗的4%和供暖成本的10%。若采用技术手段将二次管网平均电耗降低至 $1kWh/m^2$，则北方地区每年可节约用电约136亿kWh，拥有极好的节能潜力。

2）管网维护管理

管网的热力损失主要包括管网散热损失和管网泄漏造成的热量损失，随着热网规模增大，再加上运行年限增加，管网腐蚀、泄漏故障逐年上升。管网保温缺失、泄漏等造成热力损失主要受到热网自身状况和运营团队维护管理能力方面的影响。从不同项目实际补水情况调研看，项目间差异较大，漏损量在二次侧明显高于一次侧。

由于管道安装和维护水平差异、运行管理水平不同，各城市间耗水量差异巨大。但整体来看，各城市一二次网水损问题仍较为严重。这不仅造成严重的水资源浪费和热量浪费，同时在频繁补水的过程中使得管道与换热设备的结垢和锈蚀现象愈发严重，降低了供热质量。由此可见，如何解决失水问题是供热行业现代化管理应该首先突破的。

3）管网运行不平衡

集中供热管网往往有着较大的管网半径和复杂的支管管路，其热力水力特性都比较复杂，在运行过程中难以实现对不同用户的热量水量的平衡分配，从而带来末端实际供热量差异。与用户的调节情况因素一样，管网的运行不平衡最终导致系统为满足不利末端需求不得不过量供热，最终带来不必要的能源消耗。

系统的热惯性会随着供热系统规模的扩大而逐渐增加。因此，当集中供热系统规模过大时，热源处对热量的调节需要一天以上的时间才能反映到末端建筑，造成严重的供需不平衡。以目前的技术手段很难根据天气的变化对供热进行及时高效的调整，导致不必要的能源消耗。这一问题在大规模城市热网中体现得极为明显。

（3）建筑末端环节

根据相关调研测试情况，采取不同节能设计标准的建筑之间耗热量有较为明显的差异，同时由于各末端间不平衡导致的过热等问题，同一水平建筑之间实际耗热量差距也比较大。如实测三步节能建筑平均耗热量 0.32GJ/m²，相比非节能建筑整体平均低 36% 左右，但是在非节能建筑中也有能达到 0.25GJ/m² 的建筑，三步节能建筑中也存在高达 0.54GJ/m² 的建筑。造成以上能耗差异的主要因素包括建筑自身围护结构保温性能、建筑入住率和末端调控水平。

1）建筑入住率

在建筑面积迅速增加的同时，我国建筑空置情况也开始凸显。2017 年，西南财经大学中国家庭金融调查与研究中心发布的《2017 中国城镇住房空置分析》中给出：2011 年、2013 年、2015 年和 2017 年我国城镇地区住房空置率分别为 18.4%、19.5%、20.6% 和 21.4%。有文献对北方某城市已安装热计量表的 10 个低入住率小区（入住率 32% ~ 73%）进行测试发现，实际供暖能耗为 45.15 ~ 62.75W/m²，比设计供暖能耗（33.2W/m²）增加了 36% ~ 89%[16]。而入住率较高的小区（11 号小区入住率为 85.6%）实际供暖能耗则与设计值接近。通过模拟计算也发现，北京的节能建筑理论供暖能耗为 0.19GJ/m²，但当用热率为 63% 时，实际热用户的供暖能耗升至 0.26GJ/m²，即使通过控制手段对供热用户实施分时段调节，也只能降低 0.01 ~ 0.02GJ/m² 的耗热量。

2）建筑末端调节情况

由于北方供暖系统末端数量众多，各用户在管网中所处的位置、房间负荷等都有较大差异，导致热量输配无法实现精准的供需平衡，为了保障较不利用户的最低供热需求，系统往往处于过量供热状态。同时建筑实际热负荷随着室外温度等因素变化，是一个较大范围的波动量，而集中供热系统往往按照较不利情况设计输配系统流量，在室外温度较高时也往往出现供热过量的问题。目前我国集中供暖大部分仍旧采用按面积收费的方式，大部分用户还不能调节自身实际供热量，从而使以上过量供热问题难以从末端对系统进行反馈，最终出现部分末端温度远远高于实际使用需求，存在大量能源浪费现象。根据实际调研数据分析，由于末端过热造成的热量浪费约达 10% ~ 20%。

3.2.2 阶段发展目标及实现

根据建筑领域绿色低碳发展总目标，北方集中供暖分项，建筑规模控制在 220 亿 m² 以内，运行碳排放量在 2030 年达峰，峰值为 2.14 亿 tce 左右。在北方集中供暖建筑能耗在 2025 年以前呈上升趋势，2025 年达到近 3.5 亿 tce，到 2060 年降低至 1.06 亿 tce 左右。供暖能耗呈现"上升—平稳—下降"的趋势。根据中等控制情景下的预测分析结果，对我国北方供暖发展路线目标规划如图 3.2-2 所示。

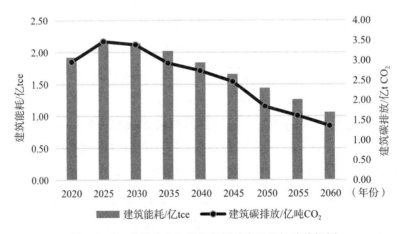

图 3.2-2　我国北方供暖绿色低碳发展目标路线规划

各阶段目标如下：

在 2025 年之前需要控制能源总消耗量不超过 2.15 亿 tce，碳排放量控制在 3.47 亿 t CO_2。2021 ~ 2025 年（近期），随着我国居民对生活品质的增加和城镇化率的增长，北方供暖能耗呈现快速增长的趋势。

在 2035 年前需要控制能源总消耗量不超过 2.14 亿 tce，碳排放量控制在 2.93 亿 t CO_2。2026 ~ 2035 年（中期），我国北方供暖呈现一段时期的平稳状态，这与我国北方供暖建筑面积增长放缓有关。

在 2060 年前需要控制能源总消耗量缓慢下降至 1.06 亿 tce，碳排放量下降至 1.36 亿 t CO_2。2036 ~ 2060 年（远期），随着超低能耗及近零能耗建筑的发展，以及供暖技术的进步，北方供暖需求会有所下降，供暖总能耗也会有所降低。

3.3 技术实施路径

结合中国北方城镇供暖发展现状，借鉴国际先进城市的发展经验，北方城镇供暖绿色低碳发展技术实施路径如表 3.3-1 所示。在近期阶段，逐步淘汰传统燃煤锅炉，探索清洁能源应用模式；在中期阶段，全面实现清洁供暖，重点加强热电协同和工业余热利用等手段，推广可再生能源供热技术，试点核能供热技术，发展基于数字孪生的智慧热网技术，同时探索供热收费创新模式；在远期阶段，打造多能源互联互通生态环境，实现供暖精细化自动管理，全面实现供热计量收费模式。

北方供暖绿色低碳发展技术路线图　　　　　　　　　　　　　　　　表 3.3-1

	近期阶段　2021 ~ 2025 年	中期阶段　2026 ~ 2035 年	远期阶段　2036 ~ 2060 年
重点任务	·逐步淘汰传统燃煤锅炉 ·清洁能源应用比例达到 90%	·清洁能源应用比例达到 100% ·多能源供需链条协同发展	·形成多能源互联互通生态环境 ·实现供暖精细化自动管理 ·全面实现供热计量收费模式
清洁热源	➤推广热电联产集中供暖技术 ➤发展热电厂循环水余热利用技术（背压改造） ➤推广工业余热利用技术模式 ➤试点水热同产同送技术 ➤试点干热岩、深层地热技术 ➤试点相变储能供热等新型储能技术	➤推广热电协同的集中供暖技术 ➤提升工业余热集中供暖利用率 ➤推广太阳能、地热集中供暖技术供热技术 ➤试点核能供热技术 ➤优化蓄热储能技术	➤推广多热源联网协同可再生能源利用技术 ➤发展核能供热技术
输配系统	➤全面推广热网高智慧调度、无人值守热力站技术 ➤探索跨区域长距离输热技术 ➤静态水力平衡技术	➤发展基于数字孪生的智慧热网技术 ➤发展基于数据驱动的热负荷预测技术和数据挖掘技术	➤全面推广基于数字孪生与智能调度技术结合的管网调控技术 ➤全面推广基于大数据挖掘、高速网络通信和高智能算法的热负荷预测和调控技术 ➤培育智慧用能新模式，构建新型城区级"一网多源"供热模式

	近期阶段　2021～2025年	中期阶段　2026～2035年	远期阶段　2036～2060年
末端管理	➤优化推行供热计量收费模式 ➤试点探索表阀一体化、可调节喷射泵技术 ➤试点探索"弹性供热"模式 ➤提高高效散热末端应用比例	➤探索供热和售热分离技术模式 ➤优化推广"弹性供热"模式	➤培育新型"时间、空间、质量"自主调节、个性化用热的供热计量收费模式

3.3.1　近期：全面淘汰小型燃煤锅炉，大力推广清洁热源

（1）提高清洁能源应用比例

清洁能源包括天然气、电、地热、生物质、太阳能、风能、水能、工业余热、核能等，应按照"宜气则气、宜电则电、尽可能使用清洁能源"原则，对煤炭、天然气、电、可再生能源等多种能源形式供热进行统筹规划，因地制宜选择技术路线。

目前，我国北方地区的供暖方式仍以燃煤锅炉为主，其供暖面积比例高达83%。清洁燃煤供暖形式有超低排放的燃煤热电联产和大型燃煤锅炉，其中，超低排放的燃煤热电联产充分回收热电联产锅炉的烟气余热和汽轮机乏汽余热，可提高在役机组和新增机组的供热能力，具有环保性好、供暖面积大等优点。图3.3-1～图3.3-3分别是各种不同供热方式的供热成本、污染物排放比较以及供热煤耗。可以看出，在各种清洁供热的方式中，利用热电联产和工业余热供热方式在成本、能源利用率、污染物排放等方面对比传统的"煤改电""煤改气"方法都具有非常明显的优势。所以在我国推进清洁供热工作的过程中，应将这两种供热方式作为首选。

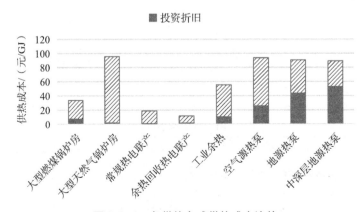

图3.3-1　各供热方式供热成本比较

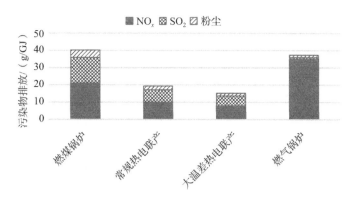

图 3.3-2　各供热方式单位供热量产生的污染物排放

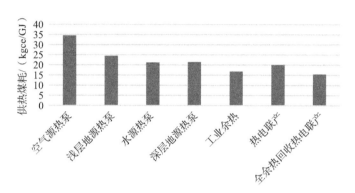

图 3.3-3　各供热方式的供热煤耗

加强综合能源利用模式探索，充分考虑当地需求和能源资源特点，有针对性地进行能源配比和整合，避免追求高效的"初心"目标。对于城镇集中供暖，做好清洁供热新模式的试点工作，包括水热同产同送技术，试点干热岩、深层地热技术，试点相变储能供热等新型储能技术等。持续推动"余热暖民"工程，积极利用城镇周边企业低品位余热资源，作为建筑供热热源的重要补充。遵循《余热暖民工程实施方案》，结合供暖负荷及管网基础条件等因素，按照能源梯级利用的原则，实现低品位余热资源的高效利用。对于山西、内蒙古等燃煤产量大省，应充分考虑燃煤的清洁化利用问题，同时对于具备工业余热的地区应充分考虑余热的利用和规划；对于山东、河南、河北及天津、北京地区，可以考虑积极探索地热资源的开发利用，探索适宜的技术应用措施及模式。

（2）推进输配管网智慧化改造

全面推广热网高智慧调度、无人值守热力站技术。2016 年 2 月，国家发展改革委、能源局和工信部联合发布了《关于推进"互联网 +"智慧能源发展的指导意见》，指出"互联网+"智慧能源（即能源互联网）是一种互联网与能源生产、传输、存储、消费以及能源市场深度融合的能源产业发展新形态，具有设备智能、多能协同、信息对称、供需分散、系统扁平、交易开放等主要特征。智慧供热是供热物理系统与信息系统深度融合的智慧系统，通过运用传感技术、空间定位、物联网、信息安全等技术全面连接系统中的热源、热网、热力站、热用户和储热设施，充分利用大数据、云计算、人工智能、建模仿真等技术优化控制供热系统中的各个设备，具有广泛互联、全面感知、智能决策等特征[36]。通过对不同地区、不同规模、不同类型供热管网的智慧热网系统试点建设，推广热网自动控制系统、无人值守热力站等节能技术措施。研究智慧热网调度管理策略，完善智慧热网功能，提升系统可靠性和易用性，探索在不同应用场景下的适应能力。通过建立智慧热网，可以实现根据需求实时改变供热的功能，使对供热过程的调节和控制更加简单准确，极大程度提高系统效率，消除冷热不均现象[37]，减少不必要的能源浪费。因此建立城市级供热信息化管理平台，提高系统智能化水平是当务之急。

✎ **典型案例**[38]

智慧供热平台在沈阳惠天棋盘山供热有限责任公司（简称惠天棋盘山公司）的建设和应用实例，对整体解决方案、系统调控和运行数据进行了总结，得出了采用"阀泵联合"控制策略可有效解决热力和水力失调、系统扩展、源网联动、降低运行成本和用户投诉率等问题，在满足安全、平稳、长周期、可控和热舒适性的基础上，用户室温合格率达到了98.7%，降低一次网和二次网电耗指标分别为32.72%和17.83%。

探索跨区域长距离输热技术。随着大温差供热和清洁能源改造的推进，长距离输送也迎来了蓬勃发展。相对于大多数较短距离的热量输送，长距离输送在系统安全性、输送热损失以及运行经济性等方面都需要高度重视。

✎ **典型案例**

瑞光长输管道直连方案：太原市瑞光长输管道总长8161m，电厂标高876.6m，热力站标高784.4m（图3.3-4）。由于电厂地势较高，并且循环泵设置在电厂，所以导致长输管道整体压力偏高。由于长输管道比摩阻较低，靠高差即可保证供水压力，所以取消电厂循环泵，并且在瑞光隔压站增设循环泵，在隔压站内增设转换阀门和止回阀，在电厂内设置定压蓄能水罐。此改造措施保证了长输管道的安全性，同时市内压力也均未超过管道承压能力。

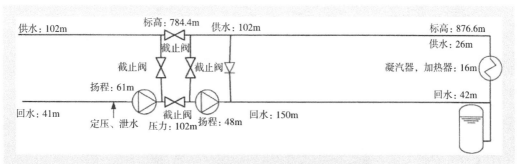

图 3.3-4 瑞光长输管道取消隔压站方案

首个大温差长输供热工程——太古长输供热工程：太古长输管道设计供水温度为130℃，回水温度为25℃，总长度为37.8km，高差为180m。两路DN1400管道，总循环流量为30000t/h，设计供热面积（含调峰）为7600万 m^2。系统中设置了六级加压泵站，每套系统每个泵组有4台泵并联，水泵额定流量为4300t/h（图3.3-5）。最终，太古长输供热工程的实际运行效果也基本达到了设计预期。太古长输供热工程将40km以外的交电厂余热通过长输热网引入太原解决8000万 m^2 的供热需求，创造了单个工程从供热规模、输送距离、克服高差、输送温差、供热能耗等多项世界纪录。该项目2016年开始供热，这标志着大规模利用电厂余热的清洁高效供热模式的实践开端。

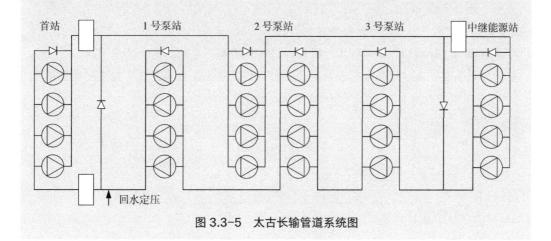

图 3.3-5 太古长输管道系统图

推进对老旧管网的维护维修和更新改造工作，实现静态水力平衡。具体的节能技术措施有：提高管网保温水平；优化管网输配效率；采用"阀泵联合"控制、气候补偿、前馈运行调控等方式提升管网的调节能力和运行水平，避免水力和热力不平衡，实现按需供热（图3.3-6）。

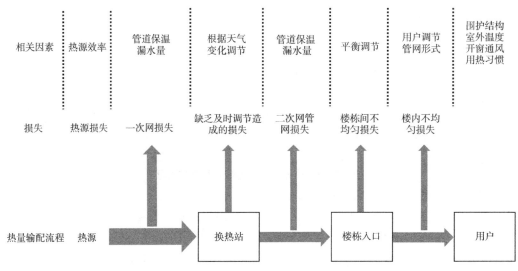

图 3.3-6 管网热量输配流程图

✏️ **典型案例**

以赤峰市为例，该城市自 2011 年起不断进行供热系统节能改造。通过管网平衡调节降低过量供热损失，经过老旧管网改造与政府不断推行的老旧建筑改造，城市整体热耗（已修正至相同气温）由 2011 年的 0.55GJ/m² 降低至 2017 年 0.36GJ/m²，节约近 35%，已经达到了《民用建筑能耗标准》GB/T 51161—2016 中规定的约束值。该城市历年单位面积热耗如图 3.3-7 所示。同时，该城市仍有一定比例的非节能建筑，目前耗热量仍然偏高。通过对剩余非节能建筑进行保温改造，该城市热耗有望进一步降低至《民用建筑能耗标准》GB/T 51161—2016 中的引导值附近。

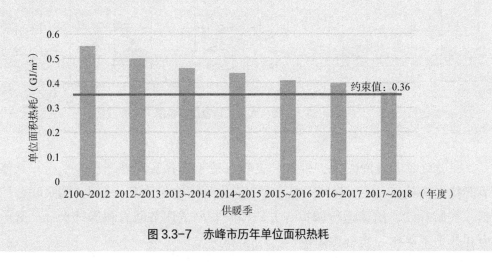

图 3.3-7 赤峰市历年单位面积热耗

（3）探索供热、售热分离机制模式

热计量是降低建筑能耗的有效途径，根据用户实际消耗的热量对用户进行收费，能提升用户自主节能的主动性和积极性。优化推行供热计量收费模式。虽然供热计量收费已经推行十余年，但在室温有效控制、住户间热量传递、供热水质、热价体制等方面仍存在一些问题。为了实现供热系统的优化运行，在需求响应过程中，需要综合考虑系统的耗热量和变频泵等辅助设备的耗电量。

试点探索表阀一体化、可调节喷射泵技术。传统供热系统中易出现水力失调、热量分配不均的问题，增加循环泵水流量及引进平衡阀等方式会增加系统能耗。表阀一体化系统在入口配备了热量计和流量控制阀，集计量、控制、计费、节能于一体，分户按热能表计量，公平合理，在末端安装调节设备能够大幅度消除剩余压头，减少水力失调现象。可调节喷射泵供热系统不仅结构简单、施工方便，而且可以消耗供暖热用户的富余压头以提高供热系统的水力稳定性，在保证区域供暖质量的基础上，使系统节电节热效果明显。

试点探索"弹性供热"模式。"弹性供热"的核心为"用户自主，按需供热"，是指为满足热用户对供热时间和质量的个性化需求而实现供热系统在时间和质量上灵活选择的一种创新供热模式。

3.3.2 中期：发展综合能源供暖技术，推广智慧供热管网建设

（1）提高热电联产和工业余热利用比例

工业余热供暖可实现生产和生活系统循环连接，符合绿色发展理念。对于热电联产供热方式，回收乏汽余热可以提升系统能效。目前乏汽余热利用技术主要分为两大类：一类通过直接换热的方式回收乏汽余热，另一类通过热泵的方式提取乏汽余热。其中，通过直接换热方式回收乏汽余热的代表技术有"低压缸转子光轴改造技术""切除低压缸供热技术"和"双背压双转子互换技术"，多台汽轮机高背压供热方式和多台汽轮机吸收式热泵供热方式流程分别如图3.3-8和图3.3-9所示。将纯凝火电改造为热电联产并回收余热热量是未来热电联产的主要发展模式，本质上是通过蓄热装置使得余热与回收余热所需的驱动力在时间上相匹配，通过储存和转移余热或者储存和转移驱动力的方式均可实现热电协同。

鼓励研发热电联产和工业余热利用技术，降低机组发电煤耗；开展热电联产和工业余热利用高能效和低排放示范，加强多热源互联互通，提高系统供热可靠性，储存驱动方式的热电协同系统流程如图3.3-10所示。此外，在此期间进一步推广太阳能、地热集中供暖技术，试点核能供热技术，优化蓄热储能技术。蓄热储能技术可以配合电网调峰，促进可再生能源消纳，而且采用低谷电可以降低供热成本。

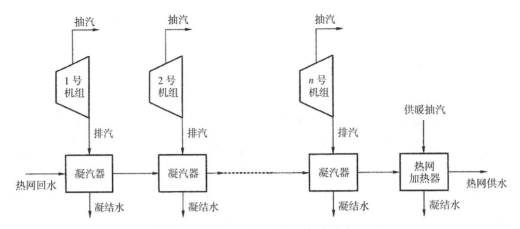

图 3.3-8　多台汽轮机高背压供热方式流程图

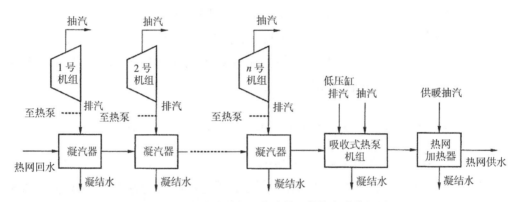

图 3.3-9　多台汽轮机吸收式热泵供热方式流程图

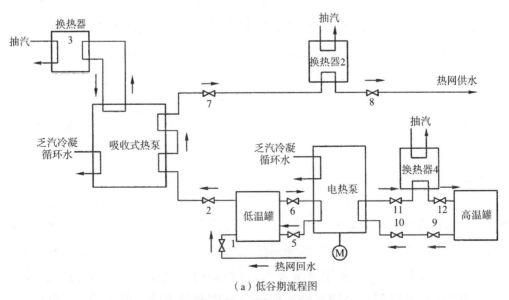

（a）低谷期流程图

图 3.3-10　储存驱动方式的热电协同系统流程图（一）

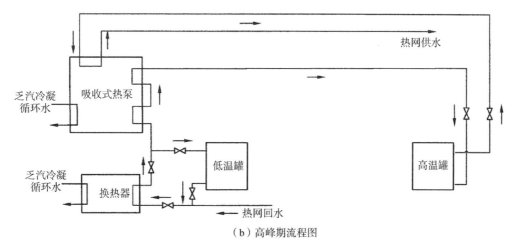

（b）高峰期流程图

图 3.3-10 储存驱动方式的热电协同系统流程图（二）

✎ **典型案例**

低品位工业余热应用于集中供暖工程主要是在钢铁行业。济钢、邯钢等都已经利用冲渣水为周边居民小区供暖，津西钢铁的余热取代迁西县城燃煤锅炉为整个县城供暖。

赤峰金剑铜厂利用炼铜和制酸过程多处低品位余热为新城区供暖，石家庄化工基地利用冷却循环水为居民区供暖等。

高背压"梯级加热"的方式在山西太原古交电厂余热回收方案中有所体现。通过多级凝汽器串联可缩小每级凝汽器的换热温差，减少不可逆损失，降低煤耗。如图3.3-11所示，在串联系统中，机组背压逐级上升，减少了发电损失，这种逐级加热的余热回收方式相比于抽气供热节能50%左右。

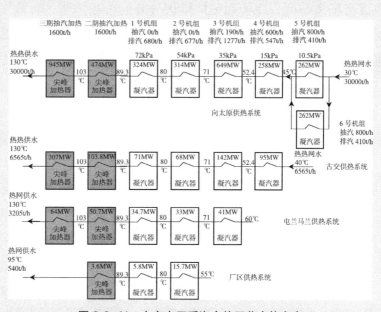

图 3.3-11 古交电厂乏汽余热回收实施方案

（2）全面推广智慧供热技术

完善智慧热网系统。结合先进的物联网技术、移动互联网技术、智能控制技术和大数据分析回归技术形成智慧热网系统，实现系统可监测、控制、数据收集、数据管理、数据分析以及系统自动化综合优化调节控制等功能。充分考虑智慧热网技术在不同类型热源及负荷系统中的适应性问题，有针对性地推广应用。

推进基于数字孪生的智慧供热系统。数字孪生是信息物理系统（Cyber-Physical System）的核心理论之一，这项技术基于物理世界的系统实体，通过采集到的数据，在虚拟空间建立起相对应的数字孪生体，以此来反映物理实体的实施工作状态，并对其进行控制和优化。基于供热系统的数字孪生体，可以对物理设备进行全面周期管理，实时评估设备健康状态，实现预测性维护，减少系统故障的发生。不仅如此，基于数字孪生体还能够制定并预演各项控制策略，获得最优控制策略，提升供热系统运行水平。工作人员可以利用实时数据与历史数据推演生成供热系统优化运行、故障预警、设备维护等智慧化管理和调控策略，将这些策略下发至感知调控层进行执行，实现供热系统的安全高效运行[39]。

（3）探索供热和售热分离技术模式

探索供热和售热分离技术模式，优化推广"弹性供热"模式。在条件较好的省市地区试点成立售热服务公司，探索售热服务模式，培育市场参与主体，建立市场竞争模式。全面考虑和协调所有用户、热力公司以及地方政府的利益。提高市场参与度，完善和推广供售分开的市场体制，有效发挥市场对资源的配置作用，借助市场经济推动供热节能绿色发展。此阶段需要循序渐进推广，根据各地原有供热系统特点逐步进行，充分保障体系的平稳过渡。

✏️ **典型案例**

2018年供暖季，郑州市集中供热系统含5个热电联产热源与6座天然气区域锅炉房，可提供4150MW的热量；供热入网总面积达1.2亿 m²；市区主干管网总长近2000km，热力站约1661座。随着供热规模的扩大和该供热系统的多源性，其运行调度的难度较高。因此，在住建部科技示范工程的支持下，郑州热力开展了"智慧城市供热系统仿真分析与调度控制平台"的建设。该平台建立了多源联网供热系统"数字孪生"仿真分析模型，能够对负荷分配、热网解列、节能运行、应急抢险等运行调控方案进行寻优，也可实现供热系统的设计改造方案分析。该平台架构基于多源供热物理系统拓扑结构和运行数据，建立"数字孪生"模型，如图3.3-12所示。基于"数字孪生"模型进行负荷分配、热网解列等分析，分析结果利用"数字仿真"模型进行迭代验证，最终获得最优调控测量，并下达至多源供热物理系统。实践表明，通过建设基于"数字孪生"的智慧供热系统，显著提升了城市供热系统运行的智慧化、自动化水平，有力地保障了城市供热系统的安全、可靠、环保、舒适、经济运行。

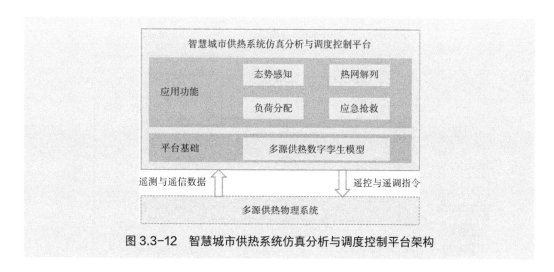

图 3.3-12　智慧城市供热系统仿真分析与调度控制平台架构

3.3.3　远期：推广多热源联网协同技术，实现供热系统精细化管理

（1）构建多能源互联互通生态环境

推广多热源联网协同可再生能源利用技术。多热源联网协同供热是利用工业余热供热系统的必然形式。多种不同的工业余热热源、热电联产及调峰热源连接到一张热网上可实现各热源间互为补充、互通有无、相互协调，实现城市可靠供热和工厂的灵活性生产与有效冷却（图 3.3-13）。

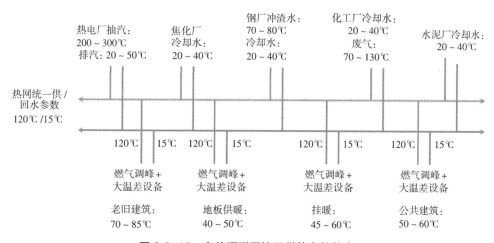

图 3.3-13　多热源联网协同供热参数整合

发展核能供热技术。随着环保问题被日益重视，核能作为目前世界的核心清洁低碳能源，发展迅速，核电的发电量约占世界发电量的 15%，合理利用核电厂余热，推广核能供热技术不仅能够提高对核能的利用率，还能够有效减少清洁能源的不必要消耗（图 3.3-14）。

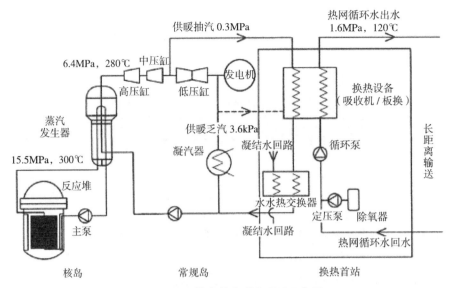

图 3.3-14 核电热电联产原理示意图

✏️ **典型案例**[40]

2019 年 11 月 15 日，全国首个核能清洁供暖示范项目——海阳核能供暖项目正式供热，截至 2021 年，已圆满完成两个供暖季供暖任务，为 70 万 m² 居民用户提供了零碳供暖。当前，海阳市正积极推进新老城区 450 万 m² 核能供暖项目建设，项目建成后，对于海阳市清洁供暖、改善区域生态环境具有重要意义。核能不仅可以供热，还能实现海水淡化。在加快推进抽汽供热的同时，山东核电有限公司还在探索海水淡化、水热同传、多能互补储能及制氢等核能综合利用项目。为同步解决北方城市清洁取暖、淡水资源不足两大发展痛点，项目建成后可同时满足供热供水需求，并已实现了核电站宿舍区近 2000 人同时供热供水（图 3.3-15）。

图 3.3-15 海阳市核能供暖项目实景图

（2）实现智慧热网精细化管理

基于智慧供热系统，利用物联网、人工智能等先进技术对能源系统进行用能分析，包括进行能效诊断和提供能源优化方案，以降低用户的用能费用。同时，建立设备全生命周期运行档案，提前预知设备可能发生的故障，提升热网运行的可靠性和安全性。充分把握供热系统中"源—网—荷—储"的灵活性，通过对供热系统进行负荷预测、故障诊断和异常情况识别，优化系统整体的运行管理水平。

培育智慧用能新模式，构建新型城区级"一网多源"供热模式。打破"一源一网"的运行模式，对于消除城市大规模停热的隐患，保障供热能力，满足居民供暖的安全性和舒适性，改善大气环境，构建和谐社会具有重要意义。多热源联网是采用多数量、多形式的热源，形成城区级"一网多源、灵活调度"的供热局面，是实现清洁、经济供热的重要途径（图3.3-16）。

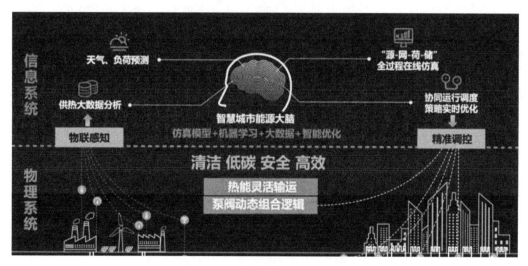

图 3.3-16　智慧热网建设示意图

（3）变革供热收费模式

培育新型"时间、空间、质量"自主调节、个性化用热的供热计量收费模式。发挥政府主导作用，加强供热计量宣传工作，提高居民节能意识，积极参与供热计量收费改革。供热输配公司借助不断提升的供热节能技术不断优化和降低自身供热成本，售热服务公司不断优化技术服务水平，通过设置末端计量调节装置降低末端用热量，提升室内环境舒适度的同时降低能源消耗。

4

公共建筑绿色低碳发展路径研究

4.1 公共建筑用能现状及特性

4.1.1 公共建筑用能现状

4.1.1.1 公共建筑用能概况

公共建筑是人们进行公共活动的主要场所，根据功能分为办公建筑、商业建筑、旅游建筑、科教文卫建筑、通信建筑、交通运输类建筑等，按地区分为城市公共建筑与村镇公共建筑。村镇公共建筑的用能特点、节能理念和技术途径等与城镇公共建筑十分相似，所以村镇公共建筑用能也统计入公共建筑用能一项。公共建筑用能指除去北方供暖能耗外，建筑内空调、照明、插座、电梯、炊事、服务设施的能耗，公共建筑主要能源包括电力、燃气、燃油等。

2019 年，我国公共建筑面积增长至 134 亿 m^2，总商品能耗为 3.42 亿 tce，占我国建筑总能耗的 34%，公共建筑一次能耗强度为 25.6kgce/m^2。由图 4.1-1 可知公共建筑一次能耗总量与能耗强度在近十年来呈现上升趋势。同年，公共建筑运行碳排放量为 6.5 亿 t CO_2，占建筑运行总碳排放量的 30%，碳排放强度高达 48kgCO_2/m^2 [41]。因此，公共建筑节能减排工作意义重大。

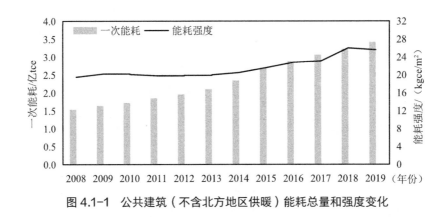

图 4.1-1 公共建筑（不含北方地区供暖）能耗总量和强度变化

4.1.1.2 公共建筑节能工作进展

公共建筑总能耗与能耗强度双高，节能潜力大，是我国建筑节能工作的重要环节。"十一五"以来，公共建筑节能工作得到国家重点关注，经过多年的努力，我国公共建筑节能已取得丰硕成果。

（1）公共建筑节能领域政策

政策方面，"十三五"期间我国对公共建筑节能工作继续保持高度关注，2016 年 12 月，国务院发布《"十三五"节能减排综合工作方案》（国发〔2016〕74 号），提出至 2020 年完成 1 亿 m² 公共建筑节能改造，同时公共机构单位建筑面积能耗与人均能耗分别比 2015 年降低 10% 和 11%。2017 年 8 月《住房城乡建设科技创新"十三五"专项规划》（建科〔2017〕166 号）中提出"以绿色发展为核心，以资源节约、低碳循环、提高城市综合承载能力为目标"的建筑发展路径[42]。2019 年起，我国陆续实施新版《绿色建筑评价标准》GB/T 50378—2019、《近零能耗建筑技术标准》GB/T 51350—2019、《建筑节能工程施工质量验收标准》GB 50411—2019、《办公建筑设计标准》JGJ/T 67—2019 等相关标准约束公共建筑设计施工，推动绿色公共建筑发展。

（2）公共建筑节能领域标准

2005 年，住房和城乡建设部颁布首部指导公共建筑节能设计和管理的《公共建筑节能设计标准》GB 50189—2015，该标准作为国家强制性标准从设计阶段约束公共建筑能耗。2015 年，更新版标准中建立了我国典型公共建筑模型数据库，明确了建筑标准节能水平，增加了建筑分类，简化了节能判别方式并进一步细化了建筑结构与系统的相关要求。2009 年，住房和城乡建设部颁布的《公共建筑节能改造技术规范》JGJ 176—2009 为公共建筑的节能改造提供了技术依托[43]。2020 年，住房和城乡建设部组织相关单位对该标准进行了修订。目前，已有部分公共建筑调适标准编撰完毕，有待发布，如上海市工程建设规范《既有公共建筑调适标准》，中国建筑节能协会编制的《绿色建筑环境与性能调适技术导则》与《绿色建筑暖通空调系统调适技术导则》等。

（3）公共建筑能耗监测

公共建筑能耗监测是开展公共建筑节能工作的重要前提，2008 年，住房和城乡建设部发布 114 号文件《关于印发国家机关办公建筑和大型公共建筑能耗监测系统建设相关技术导则的通知》，包含五个附件，分别为《分项能耗数据采集技术导则》《分项能耗数据传输技术导则》《楼宇分项计量设计安装技术导则》《数据中心建设与维护技术导则》和《建设、验收与运行管理规范》[44]。2010 年，住房和城乡建设部发布的《关于切实加强政府办公和大型公共建筑节能管理工作的通知》（建科〔2010〕90 号）提出，重点发展国家机关办公建筑和大型公共建筑能耗统计监测，选择重点建筑安装用能分项计量装置，推进能耗监测平台建设。2012 年，上海市人民政府印发了《关于加快推进本市国家机关办公建筑和大型公共建筑能耗监测系统建设的实施意见》，指出单体建筑面积大于 1 万 m^2 的国家机关办公建筑和大于 2 万 m^2 的公共建筑要进行分项计量 [45]。

上海市住房和城乡建设管理委员会联合上海市发展和改革委员会发布的《2020 年上海市国家机关办公建筑和大型公共建筑能耗监测及分析报告》指出，截至 2020 年 12 月底，上海市已有 2017 栋公共建筑安装了能耗监测设备，并与市级平台数据联网，能耗监测建筑总面积达 9208.3 万 m^2，其中含国家机关办公建筑 200 栋，建筑面积 369.3 万 m^2，大型公共建筑 1817 栋，建筑面积 8839.1 万 m^2。

（4）公共建筑节能改造

公共建筑节能改造是降低既有公共建筑能耗的重要措施。据统计，国家机关办公建筑和大型公共建筑仅占全国建筑量的 4%，但其年耗电量约占全国城镇总耗电量的 22%，公共建筑节能改造潜力巨大 [46]。

2011 年国务院颁布的《"十二五"节能减排综合性工作方案》中提出"十二五"期间公共建筑节能改造 6000 万 m^2 的总体目标 [47]。同年，住房和城乡建设部和财政部确定以天津、重庆、深圳、上海等重点城市作为试点开展公共建筑节能改造工作。"十二五"期间，我国确定 11 个省市为公共建筑节能改造重点城市，公共建筑改造面积达 4864 万 m^2，带动全国实施改造面积 1.1 亿 m^2 [48]，公共建筑节能改造工作效果显著。

《"十三五"节能减排综合性工作方案》按城市级别分别提出了不同的公共建筑节能改造指标，直辖市节能改造面积大于 500 万 m^2，副省级城市大于 240 万 m^2，其他城市大于 150 万 m^2，改造后平均节能率不低于 15%，采取合同能源管理模式的节能改造项目占比不小于 40%。经过多年的研究和探索，我国公共建筑节能改造取得显著成效，节能和经济效益十分突出，相关政策的实施也为公共建筑节能工作指明了方向。

与此同时，住房和城乡建设部及地方政府也不断探索公共建筑节能改造的市场化机制，推行合同能源管理模式，北京、上海、深圳等城市表现尤为突出。"十二五"期间，北京市对能源费用托管型和节能效益分享型两种合同能源管理模型项目申报要求进行了相关研究。"十三五"期间为促进市场机制发挥作用，挖掘"内涵促降"潜力，北京市进一步开展了融资租赁型与节能量保证型合同能源管理项目的申报及审核要点的研究。

4.1.2 公共建筑用能特性

4.1.2.1 能耗总量增长迅速、能耗强度持续增长

近年来，我国公共建筑能耗增幅显著，其能耗总量大、增长快，是我国建

筑节能的重点领域。公共建筑能耗逐年增加的主要原因可分为以下两方面：

（1）公共建筑总量快速增长。城镇化加速促使城市规模不断扩张，商业建筑与公共服务建筑面积持续攀升，近年来公共建筑面积增长情况如图 4.1-2 所示。

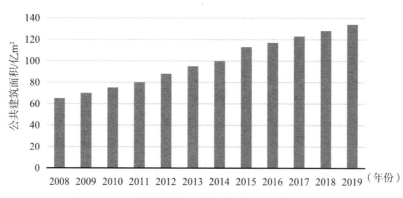

图 4.1-2 公共建筑（不含北方地区供暖）面积变化

（2）公共建筑能耗强度持续增长。公共建筑单位面积能耗从 2001 年的 17kgce/m² 增长至 2019 年的 25.6kgce/m²，约为北方城镇供暖能耗强度的两倍。公共建筑内系统设备的增加是造成建筑单位面积能耗居高不下的一个重要原因，如空调、通风、照明和电梯等能耗不断上升，大型公共建筑能耗强度达到我国普通住宅的 10 倍以上[49]。

4.1.2.2 公共建筑能耗结构复杂

合理分项管理能耗是节能减排的一种有效措施，但公共建筑种类繁多、功能复杂的特点造成其能耗分类复杂，这不仅是公共建筑能耗的一大特点，也是未来降低公共建筑能耗所需克服的一大障碍。

公共建筑种类繁多、系统复杂，各类建筑能源消耗情况差异较大，主要耗能系统包括供暖、空调、照明、办公设备等，大型公共建筑内照明及插座的能耗占比约为 50%、空调系统能耗占比约为 25%[50]。一些公共建筑内还包含特定功能的设备，如酒店建筑内的热水系统、医疗建筑内的净化系统等（图 4.1-3）。

不同公共建筑内的能耗分项构成、变化规律、相关主体均存在差异，能耗管理政策与规范、管理人员的专业水平、调控策略的精准程度将影响公共建筑能耗。同时，各类公共建筑的能耗水平与当地经济发展状况及人民消费观念存在一定关联，这也是影响公共建筑节能工作的重要因素。

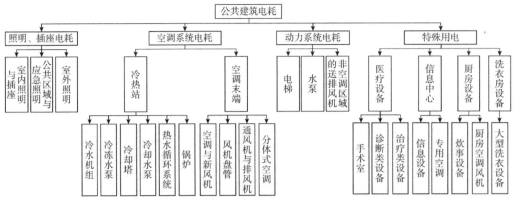

图 4.1-3　公共建筑电耗分项统计图

4.2　用能影响因素及发展目标

4.2.1　影响因素分析

公共建筑能耗主要来自建筑室内环境营造和满足建筑功能需求两方面，影响公共建筑能耗的因素主要可分为以下四个方面：

（1）建筑被动式设计条件

建筑方案设计、热工性能及被动式技术应用等都对建筑能耗有显著影响，随着行业标准的制定完善及被动式建筑技术的发展，我国公共建筑本体条件得以提升，建筑能耗有所下降。

建筑方案设计从根本上影响着建筑的运行能耗，主要体现在体形系数、窗墙比、外立面设计等方面。体形系数越大，建筑与外界相对接触面积越大，则冷、热负荷越大，暖通空调系统能耗越高。窗墙比不同的建筑对外窗的热工性能要求也不同，窗墙比越大，相应的外窗传热系数越低；窗墙比也影响建筑的密闭性，密闭性高的建筑可以减少渗透风量，维持室内环境稳定，降低运行能耗。外立面设计时是否考虑自遮阳效果，是否允许设置外遮阳装置，建筑外表层材料的光、热性能差异，都会对建筑运行能耗造成影响。可见，合理设计建筑外形，降低体形系数，控制窗墙比和优化外立面效果是降低公共建筑能耗的有效途径。

围护结构热工性能在很大程度上影响建筑能耗，传热系数低、热惰性高的围护结构能有效地维持室内环境稳定。硅酸铝保温材料、酚醛泡沫材料、胶粉聚苯颗粒材料等保温材料的使用能提升建筑外围护结构的保温隔热性能，降低建筑的冷、热负荷。外窗是围护结构的薄弱部分，不同形式的外窗热工性能差异较大，外窗热工性能的提升能降低建筑的冷热负荷。香港某办公建筑能耗数据显示，相对于3mm普通玻璃而言，使用双层玻璃幕墙该建筑年总能耗能降低26%[51]。使用太阳能涂层玻璃可减少建筑30%~40%的太阳得热[52]。因此，提升建筑的热工性能可有效降低建筑运行能耗。

建筑设计阶段充分考虑自然通风、天然采光等被动式技术，不仅能营造更为舒适的室内环境，也可有效降低空调、照明能耗。天然采光一般分为顶部采光和侧窗采光，在一些单层公共建筑或大型公共建筑的公共空间内可以利用顶部采光；多层公共建筑内一般利用侧窗采光，相比于全天使用照明设备，利用天然采光可节能约20%[53]。为了避免太阳直射进入室内造成人体的不舒适，可以设置遮阳板、遮光百叶、折光膜等来降低太阳直射强度[54]。在设计自然通风与天然采光系统时，应结合建筑朝向、建筑结构及建筑所处地理位置等因素综合分析。

公共建筑被动式设计条件是影响其运行能耗的根本因素，合理的建筑设计方案、性能良好的围护结构、效果显著的被动式技术等都能大幅降低公共建筑运行能耗。

（2）设备运行效率

公共建筑内设备种类多、数量大、能耗高，提升设备运行效率，可直接产生节能效益。空调设备和照明设备是公共建筑中的主要能耗来源。公共建筑的空调系统主要包括冷热源、水泵、末端设备等，实际运行过程中由于系统调适不到位、控制不合理、更换维修不及时等都会导致设备运行效率降低，造成能源浪费。照明设备的使用不仅消耗电能，还会增加室内冷负荷，因此，选取发光效率高的灯具同时合理控制灯具启停能降低照明系统能耗。电梯、热水、办公等设备也是公共建筑能耗的来源之一。许多公共建筑电梯存在调度不合理、设备老化等问题，通过转换电梯驱动形式、推广变频电梯等方式能提升电梯运行效率[55]。长时间使用的热水、办公等设备的运行效率会降低，设备冷负荷将上升，因此，合理调节、定期维护设备是降低设备能耗的主要途径。

（3）建筑运行管理

公共建筑种类繁多，建筑内设备系统复杂，运行管理不到位会导致公共建筑能耗增加，因此，需要专业运维人员按照设备使用和系统设计要求进行管理。运行管理工作是各项节能技术最终落地应用的依托，是实际使用需求最终能够与建筑和系统精准匹配的必经途径。目前，公共建筑参差不齐的运维管理水平也是导致能耗高的一个因素。

等级不同的公共建筑间的能耗存在明显差异，如系统规模大、智能化等级高、配套设施完善的甲级写字楼，其单位面积能耗可能高于等级较低的写字楼。用户需求与建筑服务水平也是影响建筑能耗的重要因素，公共建筑服务对象范围广，个体需求与群体平均需求可能存在较大差异，为满足部分用户的需求，传统集中式系统需要消耗大量能源，因此，提升个性化空调、个性化照明等技术性能能够缓解建筑服务水平提升的要求与建筑能耗偏高之间的矛盾。

高效的建筑运行管理措施是降低公共建筑运行能耗的重要手段之一，目前常用的建筑能耗管理技术有建筑信息模型（BIM）技术和楼宇自动化（BAS）系统等。BIM技术可以通过网络平台实时分享相关数据，提高建筑管理效率[56]。BAS系统能够实时监测建筑内各系统设备的运行状况并及时调整设备。采用数据挖掘、物联网等技术与BAS系统结合能提升建筑运维管理水平，香港国际商务中心的运营证实了数据挖掘技术在BAS系统中的优良特性[57]，BAS系统与物联网的结合使用可降低建筑20%的能耗[58]。

建筑运行管理水平是影响建筑运营能耗的因素之一，建筑智能化将大幅提升建筑管理水平，良好的控制策略与严格的管理模式将进一步促进建筑节能进程。

（4）室内人员行为

人具有主观能动性，能够根据自身需求调节建筑设备以创造令其最满意的室内环境，从而影响建筑的能耗。但人员行为具有随机性、复杂性，人员数量与行为的差异将导致建筑实际用能的差异。通过对北京、台湾、香港和伯克利四个地区的建筑进行对比分析，发现不同的室内人员行为习惯导致空调能耗差异可达3倍[59]。近年来，通过节能减排工作的推进与绿色低碳理念的宣传，我国人民的节能意识显著提高，人为造成大量能源浪费的现象有所缓解。未来我国应继续加大节能宣传工作力度，培养用户良好的用能习惯，从而降低公共建筑能耗。

室内人员与建筑能耗关系的研究也不断发展，利用WiFi、APP、5G等技术统计室内人员位置及数量成了一种研究室内人员行为的新型方式。人员行为的准确预测有助于合理分配能源，促进公共建筑节能发展。

4.2.2　阶段发展目标及实现

根据总体目标分解，以及根据中等低碳发展情景下的预测分析情况，我国公共建筑发展目标规划如图4.2-1所示。公共建筑分项能耗总量需要在2035年之前达峰并维持在7.54亿tce以内，CO_2排放控制在10亿t以内。到2040年通过对建筑能耗强度优化调整，我国公共建筑能耗减低到7.49亿tce，之后继续降低，2060 年能耗降至 6.12 亿 tce 左右。

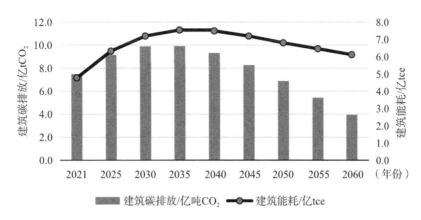

图 4.2-1 我国公共建筑绿色低碳发展目标路线规划

为实现以上目标，需在 2025 年之前，控制能源消耗总量逐步上升到 5.06 亿 tce 左右，CO_2 排放量上升至 9.15 亿 t 左右。近期随着建筑面积的增加，人民生活舒适水平要求的提升，建筑能耗和碳排放总量呈现上升趋势。

在 2026~2035 年期间，控制能源消耗总量在 2035 年达峰至 7.54 亿 tce；CO_2 排放量在 2035 年达峰至 9.92 亿 t。中期随着超低能耗建筑、近零能耗建筑等节能建筑规模的进一步扩大，建筑能耗和碳排放量逐步达到峰值。

在 2036~2060 年期间，需要控制能源消耗总量从 2036 年起逐步降低至 6.12 亿 tce 以内，CO_2 排放量降低至 3.95 亿 t 以内。远期，随着公共建筑面积增速放缓，建筑面积总量得到控制，以及绿色低碳技术进步，设备能效提升，建筑能耗总量和碳排放总量呈现下降趋势。

4.3 技术实施路径

公共建筑绿色低碳发展的技术实施路径如表 4.3-1 所示，主要从建筑本体、设备效率、智能调节与能耗管理四方面开展技术路径研究。近期阶段，主要通过发展绿色建筑设计与施工技术、提升绿色建材使用率、研发高效智能设备系统、提升建筑可再生能源利用比例、加快建筑设备智能调控进程、建立能耗定额管理体系、发展绿色金融与碳审核制度等方式促进公共建筑节能发展；中期阶段，公共建筑能耗增幅放缓，新型保温材料与绿色建材的使用率得到提升，零能耗与产能建筑试点数量增多，建筑设备系统智能化水平、可再生能源利用率进一步提升，公共建筑领域的能源管理政策、碳交易规则、碳审核制度等逐步建立；远期阶段，零能耗、产能建筑技术日渐成熟，城市能源中心初步建立，建筑设备成本大幅降低，建筑智能调控系统得以普及，绿色金融体系融入市场，公共建筑能耗管理与碳交易制度成熟。

公共建筑绿色低碳发展的技术实施路径图 　　　　　　　　　表 4.3-1

	近期（2021~2025 年）	中期（2026 ~ 2035 年）	远期（2036~2060 年）
重点任务	·公共建筑实现节能改造 5 亿 m^2 ·近零能耗建筑、产能建筑试点项目面积达 1000 万 m^2	·公共建筑实现节能改造 11.8 亿 m^2，其中超低能耗改造面积占比达 30% ·零能耗建筑、产能建筑试点项目面积达 2000 万~ 3000 万 m^2	·因地制宜推广零能耗建筑、产能建筑 ·建设公共建筑减排示范城市 ·完成一批零碳建筑改造项目
围护结构	➤发展高性能绿色建筑关键技术与绿色建筑设计工具 ➤实施建筑改造绿色施工技术 ➤完善装配式建筑施工检测 ➤绿色建材使用比例超 70%	➤发展新型保温材料 ➤研发零能耗、产能建筑技术 ➤绿色建材应用 100% ➤新建建筑 100% 为超低能耗建筑	➤推广新型绿色低碳建材 ➤推动零碳建筑改造技术 ➤促进零能耗、产能建筑 ➤建设城市能效中心
设备效率	➤建筑设备能效提升 3% ➤推广 LED 智慧照明控制系统 ➤推广复合能源供能系统与柔性用电技术 ➤可再生能源替代率达 5%	➤降低新型空调机组成本 ➤提升设备系统智能水平 ➤主要用能设备能效提升 6% ➤可再生能源替代率达 10%	➤推广低成本、低能耗建筑设备 ➤提升建筑自控系统调控能力
供需调节	➤发展末端设备调控装置 ➤发展基于 BIM、物联网、大数据等技术的智慧运维控制系统 ➤运行调适技术应用规模提升 10%	➤促进 5G、WiFi 定位、图像识别、技术与建筑调控系统的融合 ➤供需智能调节系统使用提升 10%	➤研发新型供需匹配系统 ➤提升调控系统的准确性
运维管理	➤建立能耗定额管理制度 ➤探索智能建造与建筑工业化协同发展路径 ➤试点绿色金融 ➤完善碳核查相关制度	➤完善建筑动态能源绩效管理 ➤逐步建立建筑领域碳定额、碳交易管理机制 ➤促进发展公共建筑碳审计	➤公共建筑领域的绿色金融体系得以完善 ➤公共建筑领域碳排放管理、碳交易制度走向成熟

4.3.1　近期：提升公共建筑能效，绿色发展全面普及

（1）不断提升绿色建筑设计水平，推广绿色建造

绿色建筑设计需要从方案构思阶段开始介入才可能达到"真绿"的效果，IEA ANNEX-30 的研究表明，绿色建筑的性能取决于规划设计，40% 以上的节能潜力来自建筑方案初期的规划设计阶段。方案初期的铺张浪费，后期利用设

备和材料等技术手段是无法弥补的；建筑师需要改变，学习新的知识，重新认识和掌握绿色建筑设计方法。在建筑设计中充分借鉴绿色设计的原理和方法，梳理出适应气候的绿色设计策略，应用"随遇而生，因时而变"的总体思路。同时，发展和逐步推广应用绿色设计工具和协同平台，帮助建筑师做出正确的选择和判断，保证绿色建筑设计的方向是对的，不断提高绿色设计水平，促进公共建筑全生命期节能减碳。

✎ **典型案例**

中新天津生态城公屋展示中心位于天津中新生态城，建成于2013年，建筑面积3467m²，总高度为15m，是秉承可持续发展理念建设的绿色建筑（图4.3-1）。

图 4.3-1　中新天津生态城公屋展示中心

建筑设计中，基于中新天津生态城的气候条件和场地周边环境，通过优化建筑布局和朝向，将体形系数控制为0.22；采用高效外保温岩棉板、三银Low-E外窗玻璃、防热桥设计等保温技术体系进一步提高围护结构节能设计水平；通过优化夏季和过渡季节主导风向的开窗面积，避开冬季主导风向，结合屋顶自然通风窗、通风井及大厅地面送风口，强化自然通风，实现入口大厅空调制冷时间缩短约20%，减少入口大厅空调制冷能耗约30%。基于建筑大进深特点，加强天然采光设计，通过日照模拟和优化，确定各侧面窗口面积及位置，并设置内外遮阳、导光筒、侧高窗等，有效提高中庭采光质量，降低建筑的用能需求。

同时，选用高效智能设备，降低建筑能耗。在此基础上，设计采用光伏发电系统、地源热泵、太阳能热水等可再生能源技术，最终实现了近零能耗的设计目标。

通过以上高性能绿色建筑设计技术，该建筑获中国绿色建筑三星级设计标识、运营标识，荣获 2015 年和 2017 年全国绿色建筑创新奖二等奖、2013 香港建筑师学会建筑设计大奖、2013 年天津市优秀设计一等奖、2012 全国人居经典建筑规划设计方案竞赛建筑金奖和科技金奖。

建筑施工过程中碳排放强度[60]高达 50 $kgCO_2/m^2$，进行绿色施工能在最大程度上减少资源浪费。绿色施工注重控制废水、噪声、粉尘等污染的产生，选用合理的围护结构并最大限度地回收建筑垃圾，提高资源利用率。高效率、低能耗的绿色施工技术在近期阶段将成为新建建筑的主要施工方式。

促进装配式建筑发展。近期阶段重点发展具有节能环保、效率高、造价低等优势的装配式建筑。天津、安徽、福建等地的"十四五"规划中均提到将装配式建筑作为建筑行业重点发展方向。2021 年 1 月住房和城乡建设部起草的《"十四五"建筑节能和绿色建筑发展规划（征求意见稿）》中提出 2025 年装配式建筑占当年新建建筑的 30%。近期阶段可通过完善装配式建筑施工、检测等方面标准，建立装配式建筑项目，提升相关技术水平等措施促进装配式建筑的发展使用。

提升绿色建材使用率。钢材、水泥、玻璃、铝材等传统建筑材料，碳排放量高达 $450kgCO_2/m^2$，减少建材碳排放量是促进建筑行业减碳的重要途径。"十三五"期间我国绿色建材应用比例超过 40%，预计"十四五"时期绿色建材使用比例将超过 70%。绿色建材具有能耗低、污染小、多功能等优势，绿色建材的原料多为建筑或农业废弃物，且生产过程节能环保，同时材料还具有安全耐用、保温隔声等特性。与传统水泥相比，以火山灰、钢铁渣等废弃物为生产原料的生态水泥可减少 30%~40% 的 CO_2 排放，节能率达 25%[61]。以麦秸为原料进行铺装、热压而成的定向结构麦秸板具有质轻、环保的特性，可用于建筑屋顶衬板、隔板、楼板等结构中[62]。

2021 年至 2025 年的近期阶段，在目前绿色公共建筑设计工具的基础上总结经验和问题，提升绿色设计水平；同时，提高绿色施工技术的质量与效率，论证技术应用可行性和经济性；推广装配式建筑，促进绿色建材的应用。通过建立试点建筑、降低相关技术应用成本，探索适宜的市场模式以促进公共建筑全生命周期内的节能减碳。

（2）建筑设备系统配置提升

使用高效建筑设备系统。公共建筑设备系统复杂，设备类型多样，单体设备及系统的能效对建筑整体能耗具有显著影响。如空调系统长时间使用会出现损耗，定期检测与维护能够延长系统寿命，提高空调系统效率，可节能20%[63]。使用磁悬浮制冷机组等高效制冷设备也可降低建筑设备能耗，此类机组制冷效率高，且能够避免常规冷水机组中润滑油所带来的问题。新建公共建筑应选取运行效率高的设备并及时进行检修维护。老旧公共建筑内的设备系统因长时间使用导致运行效率低下，因此及时更新老旧公共建筑设备系统是提升公共建筑能源利用率的手段之一。

✏️ **典型案例**

北京北大附中惠新东街校区总建筑面积 28973.4m²，其中地上建筑面积 27668.37m²，地下建筑面积 1305.03m²（图 4.3-2）。为提升建筑能效，对该建筑学习 / 活动中心、生活中心、艺术中心、男生宿舍、女生宿舍等六栋建筑进行能效性能提升改造。改造中，通过采用风冷热泵机组、设置能耗管理与计量系统、采用自然冷源降温、室内末端风机盘管和空气处理机组设置 TiO_2 紫外线杀菌及净化装置、采用新风换气机对空调排风进行能量回收等技术，实现建筑设备能效提升。

建筑能耗采用分项计量，方便建筑能耗分类管理。其中电力按用电性质分别对照明、插座、动力、特殊用电分项计量；同时各层给水支管起端设置智能水表进行水计量；空调能耗除用电分单元计量外，同时对空调主管的供回水压力、流量、温度实时监测、记录，并在空调冷冻水主管及各层分区设置带远传功能的冷热量表，分别监测各部门空调耗冷、耗热量。

图 4.3-2　北京北大附中惠新东街校区

通过改造和使用高效建筑设备系统，本项目取得绿色建筑二星设计标识和既有建筑绿色改造三星设计标识，项目能耗水平预期为 44.59kWh/（m²·a），达到了《民用建筑能耗标准》GB/T 51161—2016 的第 5.2.1 条对夏热冬冷办公建筑非供暖能耗引导值的要求。

推广 LED 智能照明系统。照明系统是公共建筑中的重点节能项目。LED 灯具作为一种冷光源是目前最为常用的灯具之一，比荧光灯节能 72% 左右；LED 智能照明系统比非智能系统节能 69%[64]。智能照明系统可通过照度、声音、触控、红外感应等多种方式实施控制，近期阶段 LED 智能照明技术将快速发展并在建筑内推广使用。

✏️ **典型案例**

　　怀柔区中医医院位于北京市怀柔区青春路 1 号（北京市怀柔区第一医院原址），2019 年完成对 2 号楼（西病房楼）、3 号楼（北病房楼）的改造扩建（图 4.3-3）。改造前照明灯具为荧光灯具，照明设备老旧，照度不足，能耗较高。改造中，为提升室内环境性能，设计一般照明以 LED 灯类为主。病房、诊室、办公场及公共走道采用 LED 胶片灯，并对大堂、公共走道等采用建筑设备监控系统集中控制，办公、机房等场所采用就地多联开关分路控制。

　　改造后对各光环境指标进行检测，其照度值介于 101～108lx，一般显色指数 *Ra* 介于 84.7～86.3，符合《建筑照明设计标准》GB 50034-2013 的限值要求，在照明节能的基础上有效提升了室内光环境质量。

图 4.3-3　怀柔区中医医院

　　推广复合能源供能系统与柔性用电技术。近期阶段应加快建筑复合能源供能系统的发展，如利用太阳能、风能、地热能、天然气等能源形式的复合能源系统实现建筑冷热电联供，并积极推进太阳能光伏、光热建筑，浅层地热能建筑与空气热能建筑的建设。据中国城市燃气协会分布式能源专业委员会统计，截至 2019 年，我国天然气分布式能源项目总装机量达 2042 万 kW，比 2018 年增长 28.8%，预计 2025 年城镇可再生能源代替常规能源比重将超 8%。

✏️ **典型案例**

　　布鲁克被动式酒店位于浙江省湖州市长兴县朗诗绿色建筑技术研发基地，酒店建筑面积 2445.5m²，空调面积 2150m²，建筑高度 17.55m，于 2014 年 8 月 8 日投入使用（图 4.3-4）。

图 4.3-4　布鲁克被动式酒店外观

　　该建筑充分利用可再生能源，采用以太阳能热水为主、空气源热泵机组辅助加热的生活热水供应系统。屋顶设置有 14 组 75.6m² 的太阳能集热板，结合 2 台空气源热泵热水机组为建筑提供热量，总制热量为 43.6kW。热水系统优先利用太阳能提供热水，当太阳能不能满足用水要求时，空气源热泵机组启动。这样的设计方式充分利用了可再生能源，大大降低了对一次能源的消耗。

　　通过被动 + 主动技术的高效利用组合，该建筑获得了绿色建筑三星级评价标识、被动房研究所 PHI 认证、德国绿建委（DGNB）铂金认证和世界银行 EDGE 认证等多项资格认证。

　　太阳能、风能等可再生能源发电成本的降低促进了低碳电力系统的发展，但其不可控性也降低了电网的调节适应能力。江亿院士提出"光伏 + 直流 + 智能充电桩"的建筑供配电系统，该供电形式不仅能充分利用建筑外立面敷设光伏板进行供电，更能满足未来电动汽车的充电需求。

　　2021 年至 2025 年的近期阶段，在目前已有的各类公共建筑常用设备能效控制基础上，总结公共建筑设备选型、能效控制相关政策、措施和经验，推进 LED 智能照明系统的应用，开展新型照明技术及产品研究。引导复合能源供能系统试点建筑建设，加强供能系统管理制度，鼓励公共建筑利用可再生能源。试点建设柔性用电建筑，加快推动相关技术发展。

　　（3）建筑智能运行

　　发展末端设备调控技术。公共建筑服务内容多样，服务对象数量和范围具有一定不确定性，建设有针对性的末端调控系统，是提高室内环境舒适度和节能的关键。近期阶段互联网、云平台、人员定位等技术将与建筑末端调控系统相结合，实现末端设备集中控制、自动调节、间歇运行等功能。基于物联网的空调末端温控器能通过无线网络自动监管并控制空调系统末端设备，根据用户所设温度、风力及室内人数管理空调设备状态，实现节能调控目的[65]。通过调控末端设备，建筑服务水平有效提升的同时还能够避免为了满足部分高能耗用户的需求而带来的整体能源消耗。

推广智慧运维系统与运行调适技术。随着智能化、信息化技术的发展，建筑内设备系统逐步走向全面智能化时代。先进的建筑技术和高效的设备系统最终都需要准确的运行管理和维护来达到节能效果。BIM、移动智能终端等技术是现代建筑设施管理信息化的重要技术手段，是促进我国大型公共建筑设施管理及其信息化的重要途径，"十三五"期间公共建筑运营管理技术、基于 BIM 的智慧调控技术等领域取得了一定成果，"十四五"规划中指出发展基于建筑物联网、大数据、BIM 平台、人工智能的调适技术是我国建筑运维控制领域的重要发展方向。建设并推进兼顾用户需求实时反馈功能和末端差异化服务技术的建筑智能调控系统是未来公共建筑能效提升的重要方向。

2021 年至 2025 年的近期阶段，开展末端个性化需求满足技术研究和试点应用，逐步建立公共建筑需求服务新技术体系和模式。技术试点和开展需要充分考虑公共建筑功能类别的复杂性，做到"因类制宜"。充分考虑信息化、智能化新技术与建筑服务需求满足之间的结合应用，推进建筑能源供应与用户需求的良好匹配，实现能源利用率最大化。

🖊 **典型案例**

内蒙古建设大厦位于内蒙古自治区呼和浩特市，属于严寒气候区，为政府办公建筑，建筑面积 9 万 m^2（图 4.3-5）。为提升建筑运行性能，分别采用传统管网测试调节与平衡技术、基于 SVM 和时间序列预测的建筑跨系统故障诊断技术、建筑外围护结构综合诊断技术、多目标现场快速建筑调适应用技术、基于天然采光的建筑照明系统控制优化技术、基于部分负荷的追踪调适技术等运行调适关键技术，对建筑设备系统进行优化调节，实现建筑室内热

图 4.3-5 内蒙古建设大厦

工环境质量提升，供暖季中区过热得到缓解，供暖系统运行效率提升，节能率达到 60% 左右。

（4）精细运维方式探索

发展建筑能耗管理平台。利用建筑能耗数据判断节能效果是一种常用的评价方式，能耗统计数据也是政府部门进行节能监管的依据。建筑能耗评价与能耗监测平台、分项计量审计制度的结合有助于快速找到建筑超额分项，从而有针对性地实施建筑改造工作。近期阶段公共建筑能耗监测技术的进步将推动建筑精细化运维的发展，建筑能耗管理制度将进一步扩大试点应用，为后续发展提供经验与数据。

✏️ **典型案例**

北京新世界酒店位于北京崇文门外大街，建筑面积为 5.39 万 m^2（图 4.3-6）。为提升能源管理水平，在 2017 年 12 月～2019 年 8 月建设建筑能耗管理平台，通过构建数据动态采集，多数据源数据集成、存储、预警模型，打造基于能源、环境、安全"三位一体"关键性能指标的综合性能监测和预警平台，提高酒店的综合管理水平。结合项目实施的安全、环境、能效性能提升综合改造，依靠综合监测平台对改造效果进行核算与预测，项目改造节能率达到 20.8%。

图 4.3-6 北京新世界酒店

促进智能建造与建筑工业化协同发展。智能建造是一种结合新型网络技术与先进施工技术的新型智能建筑建造方式，其具有高效、智能、绿色等特点[66]。建筑工业化是一种整合了建筑设计、生产、施工等过程的建筑建造方式，具有设计标准化、构件部品化、施工机械化的特点[67]。智能建造与建筑工业化的协同发展是高效实施建筑设计方案、提升建筑建造效率、实现建筑全生命周期减排的有效途径。2020 年，住房和城乡建设部等十三部委联合发布《关于推动智能建造与建筑工业化协同发展的指导意见》，提出我国建筑发展的总体目标是高质量发展，努力提高建筑工业化、数字化、智能化水平，到 2025 年我国基本建立智能建造与建筑工业化协同发展的政策和产业体系[68]。近期阶段通过实施试点项目积累经验。

试点绿色金融与碳核查制度。2016 年，中国人民银行等七部委联合印发的《关于构建绿色金融体系的指导意见》（银发〔2016〕228 号）中提出鼓励社会资本进入绿色产业以促进环保、能源等行业的技术进步[69]。目前，绿色建筑行业需要大量资金支持，单纯依靠政府补贴难以推动绿色建筑高效发展，因此，融合建筑行业、新型技术与金融产业的绿色金融是推动绿色公共建筑继续高质量发展的重要途径之一。碳核查是减少相关单位温室气体排放量的有效措施，但目前针对公共建筑碳核查的相关标准尚未完全形成，目前可参考标准为2021年实施的《碳排放权交易管理办法（试行）》，因此近期阶段需促进相关政策落地实施，建立公共建筑能耗和碳排放监测体系，通过动态跟踪绿色公共建筑能耗数据实施相应节能措施，同时结合相关政策规范促进公共建筑进一步节能减排。

2021年至2025年的近期阶段，基于国家原有公共建筑运行管理成果，继续推动完善公共建筑分项计量和能耗数据管理工作，奠定公共建筑运行管理数据基础。引导运维管理技术精细化、智能化发展，针对不同类型公共建筑建立运维管理体系。推动智能建造与建筑工业化协同发展，建立示范项目积累实践经验，扩大相关技术实际应用范围。继续推动大型公共建筑运行能耗总量约束政策，加快融合其他行业进入公共建筑节能领域，提升公共建筑节能效益，鼓励绿色金融发展，引导建立更为完善的市场机制。建立完善碳审核制度，在试点建筑或城市内进行推广试用，逐步推进相关政策走向成熟。

✏️ **典型案例** [70]

　　上海环境能源交易所自2013年11月开始运营，截至2020年10月履约率达100%，交易产品包括上海碳排放配额（SHEA）、国家核证自愿减排量（CCER）与上海碳配额远期产品（SHEAF）等。至2020年12月末上海碳现货累计交易量达1.53亿t，累计成交金额为17.28亿元。全国各碳市场CCER交易量见图4.3-7。

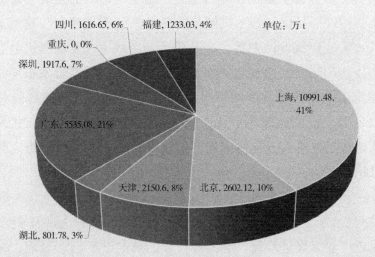

图4.3-7　截至2020年12月31日全国各碳市场CCER交易量数据图

4.3.2 中期：发展低能耗公共建筑，激励相关产业进步

（1）发展围护结构节能环保技术

随着建筑节能工作的推进，公共建筑节能水平进一步提升。"十三五"规划中要求二星级及以上等级项目占比超 80%，获运行标识项目占比超 30%。中期阶段我国高星级绿色建筑数量将继续增加，高星级建筑项目占比有望超 80%。绿色建材技术的发展与建筑围护结构性能的优化将促进公共建筑能耗进一步降低。

研发新型保温材料。目前，常用的建筑保温材料有聚苯乙烯泡沫塑料板、岩棉板、无机保温砂浆等材料，未来此类材料的热工性能难以大幅提高，因此中期阶段应注重研发新型保温材料以进一步降低建筑负荷。纺织行业废弃物应用于普通建材中可使其保温性能提升 56%；废弃报纸与珍珠岩、灰泥混合制成的保温材料导热系数为 0.063 ~ 0.15W/（m·k）；皮革屑与水泥、石膏掺混处理成的建材导热系数最大可降低 75%[71]。

推广绿色建材，推进更高节能目标。基于前期绿色建材技术的发展与应用，中期阶段绿色建材的使用率有望达 100%，植物纤维、石膏材料、泡沫玻璃、复合膜建材、再生混凝土等绿色建材的热工性能将有所提升，以适应更为严格的建筑节能要求。

2021 年，北京市开始实施最新版《居住建筑节能设计标准》DB 11/891—2020，提出节能率达 80% 的"五步节能"目标，且该目标的实现全部由围护结构承担。同样，公共建筑领域的要求也将提升，热工性能良好的相变保温墙体、太阳能供暖墙等墙体结构，辐射式冷屋顶、光伏屋面等屋面形式以及半透明光伏窗、气凝胶窗户、电致变色窗、真空窗、呼吸窗等外窗结构在中期阶段的使用率将大幅提升。

✏ 典型案例 [72]

北京某高校办公建筑，标准间南向配有 1.5m×1.5m 的电致变色窗，该外窗内层采用白玻璃，外层选取电致变色玻璃，其结构为 5.7mm+6.0mm+5.7mm 的双层中空结构，内部填充 90% 氩气与 10% 空气的混合气体（图 4.3-8）。电致变色窗能有效控制进入室内的太阳辐射量，降低室内空调与照明能耗。与普通玻璃、高透 Low-E 玻璃、低透 Low-E 玻璃相比，电致变色窗全年可分别节能 13.2%、11.0%、11.6%。

101

| 透明态 | 中间态 I | 中间态 2 | 着色态 |

图 4.3-8 电致变色玻璃窗

提升零能耗、产能建筑技术。零能耗建筑指不消耗常规能源的建筑形式，主要通过合理设计建筑方案、采用被动式技术、利用可再生能源等方式达到节能的目的。2019 年我国相继发布《近零能耗建筑技术标准》GB/T 51350—2019 与《近零能耗建筑测评标准》T/CABEE 003—2019 以规范此类建筑建设，预计到中期阶段我国零能耗建筑技术将得到大范围应用。该阶段内公共建筑将逐步从"节能"走向"产能"，产能建筑技术将成为研究热点并迅速发展。

2026 年至 2035 年的中期阶段，在近期阶段逐步完成设计技术、流程、模式探索及试点应用基础上，总结政策技术推广应用经验，形成标准体系及工作规范，逐步在公共建筑中推动规模化、全面化应用。此阶段工作推动中，注重公共建筑功能需求和地域差异特点，充分考虑技术措施的实际适用性，政策引导及管理规范制定需要以实际节能减排效果为目标，避免无效的考核机制与激励措施。以"经济较好地区优先发展，逐步实现全面带动"的原则，推动实现全国公共建筑节能低碳发展。

（2）发展建筑设计高效智能技术

降低空调机组成本，提升建筑制冷效率。目前，磁悬浮冷水机组等高效空调设备成本较高，难以推广使用，经过近期阶段政府的引导鼓励，中期阶段此类新型制冷设备价格将有所降低，市场占有率提升。2019 年，国家发展改革委等七部门联合印发实施的《绿色高效制冷行动方案》(发改环资〔2019〕1054 号)中提出 2030 年我国大型公共建筑制冷效率提高 30%，制冷总体能效水平提高 25%，绿色高效制冷产品的市场占有率至少提高 40% 的目标 [73]。

提升建筑设备系统智能水平。智能化是中期阶段公共建筑设备系统的发展趋势，如利用集成传感器技术、无线网络体系结构、智能控制技术等方式实现建筑节电。集成传感器技术可识别房间使用情况，以此为依据控制设备。无线网络体系结构主要通过 WiFi 环境中的射频识别标签等专用感测技术识别室内人员位置，据此控制建筑不同区域内设备的启停。建筑设备智能调控系统能实时监控并自动调整设备运行状态，实现设备运行参数可视化，达到无人值守、系统智能运行。

🖊 典型案例[74]

新疆电子研究所科研楼位于新疆维吾尔自治区团结路，建于2011年4月，是一所主要从事信息技术研究开发、推广应用和系统集成的高新技术机构建筑，建筑面积约12000m²（图4.3-9）。

为提升建筑设备系统智能水平，该建筑以实现"大数据、大调度、系统调控"的思路进行系统智能化改造。依据大数据监控平台进行建筑供热精细化调控，在每个区的热力入口安装节能控制装置，根据典型房间的室温和不利位置房间的室温实现不同时段的节能优化运行。并以供热典型代表温度作为反馈参数实现自适应修正运行调控。根据信息系统采集的典型运行参数，分析主要设备运行工况的异常情况，定时推送给运行人员，及时调整设备运行状态，实现节能潜力达到11%。

图4.3-9 新疆电子研究所科研楼

提升可再生能源应用比例。根据相关研究评估，到2030年可再生能源将满足新建建筑30%的能源需求。高效分布式储能技术将在多数公共建筑中得到实际运用，有关研究指出"光储直柔"的建筑能源系统是实现碳中和目标的途径之一，成本低、适用广的太阳能光伏发电技术与安全高效的电化学储能设备相结合为建筑直流用电系统提供了基础保障。电池储电、热泵蓄热、燃料电池等储能技术的发展将进一步提高区域建筑对可再生能源的利用率。"荷随源动"的柔性用电方式，能使建筑更好地适应太阳能、风能等可再生能源发电的不确定性[75]。

2026 年至 2035 年的中期阶段，基于期研究应用基础，在不同类型、不同地区采用试点带动、政策引导及市场推动等多方面措施，推进公共建筑设备及系统实际运行能效提升工作。将近期应用效果较好的政策措施、技术方法进行规模化推广应用，在应用过程中充分关注技术在不同类型不同特点公共建筑中的实际适应性情况，推进公共建筑设备能效管理的系统化发展。

（3）加速推广智能调控系统

中期阶段公共建筑内智能调节系统运行水平将继续提高，5G 技术、WiFi 定位、图像识别、RTSP 视频传输等技术将为建筑调节系统提供更加精准的人员需求信息与设备运行数据，云端数据、调控系统、末端设备及人员定位系统的相互配合将提升公共建筑智能调节系统的效率与准确性。新型互联网技术的发展将催生出精准的供需智能调节系统，监测人员利用此类系统能够实时检查空调等建筑设备的运行状态与历史数据，智能平台能够根据人员密度或需求及时调整设备状态，实现供需智能调节，提高用户满意率。

2026 年至 2035 年的中期阶段，在该阶段逐步建立公共建筑末端个性化调控与智能化需求匹配技术体系，总结和引导技术逐步规模化应用。随着技术和公共建筑需求变化和发展，全国逐步形成公共建筑能源消耗与服务水平之间的评价理念和考核机制，双向推动公共建筑服务水平和能效水平的提升。

（4）实施推广新型高效能源管理模式

公共建筑动态能源绩效管理。建筑动态能源绩效管理是一种能有效控制建筑运营阶段能耗的方式，该管理体系可分为监视、诊断、改造三部分。监视阶段，监控系统收集建筑运行、地理及气象参数等信息，判断建筑能量需求及能量自给率；诊断阶段对建筑的动态能源绩效进行评估；改造阶段主要针对既有建筑物，通过能源模拟对特定建筑提出合理的改造计划，并预测节能率、投资成本及回报等相关数据。动态能源绩效管理能直观了解建筑用能情况、提出改造意见并预测节能经济效益。因此中期阶段公共建筑领域应在能耗定额管理体系的基础上逐步建立动态能效管理制度，通过建立示范项目逐步推广该管理制度。

建立建筑碳定额、碳交易、碳审计制度。近期阶段积累的公共建筑能耗定额管理数据为碳定额基准值的确定、碳交易规则的制定提供了数据支撑。"推进碳排放权市场化交易"在我国"十四五"规划与 2035 年远景目标中均被提到，因此中期阶段公共建筑领域减排工作主要依靠碳定额与碳交易管理机制的施行，全国碳排放权交易市场提出了各类公共建筑节能减排的目标，相应目标的设定能有效控制公共建筑碳排放量，促进公共建筑绿色低碳发展。碳审计作为能源审计的一个分支能有效表征能源利用率。目前，我国缺少统一的碳审计标准，难以规范碳审计范围与评价体系。因此，需要建立统一标准约束碳审计工作，政府发挥引导作用促进碳审计的推广使用，融合保险公司、交易所等机构建立碳审核会计制度[76]。同时，促进大数据等新兴技术在碳审计领域发挥作用，积累不同地区、不同类型公共建筑的碳排放数据，提升碳审计工作效率。

2026年至2035年的中期阶段，在近期数据积累基本完成，能耗定额管理逐步开展的基础下，按照不同建筑类型、不同省市区域逐步开展公共建筑能耗动态管理与碳排放管理，通过政策引导、市场推动等方式，建立和完善相关管理体系和考核机制，分区域逐步在全国推进实施，实现能耗总量管理与碳排放约束的最终落地。

4.3.3 远期：推广产能公共建筑，健全市场产业机制

（1）发展零碳建筑和产能建筑

通过近期和中期在设计理念引导、技术推动发展、政策标准体系建立方面工作的开展，我国已经实现良好的公共建筑体量控制和节能设计。2036年至2060年的远期优化阶段，绿色建材继续发展，建筑材料回收利用率大幅提高，建筑建造阶段的资源消耗显著下降。既有建筑改造工作也将达到新的水平，近期阶段的节能改造将逐步发展为远期阶段的零碳改造，一批零碳建筑改造示范项目将在该阶段落地实施。基于中期阶段对近零能耗建筑与产能建筑的探索，远期阶段公共建筑逐步向产能方向转变。随着建筑智能系统的发展与普及，建筑智能化将逐步向城市智能化发展，5G、云计算、物联网等技术的成熟有助于分配管理城市能源。城市内各公共建筑将通过城市能效管理系统相互连接，建筑能耗监测与运行调控将通过城市能效中心调节，合理分配城市能源，提升城市能源管理水平。

远期阶段我国公共建筑能耗将呈下降趋势，此阶段需结合当下新兴技术以进一步优化建筑节能技术、产能措施和管理手段，推进公共建筑设计、能源利用与自然和谐统一，提升公共建筑服务水平，全面降低公共建筑能源消耗。

（2）规模化推广智能控制系统应用

2036年至2060年的远期阶段公共建筑设备效率明显提升，成本大幅下降，节能高效设备的市场逐步扩大，设备能效管理体制机制、技术标准体系日臻完善，此阶段跟随科技发展情况和公共建筑需求变化情况，对相关技术和政策进行优化更新，保持对公共建筑设备管理的实时支撑。

该阶段 BIM、BAS 等建筑运行管理系统的准确性与智能性达到空前水平并普及使用，高效建筑设备与智能管理系统的结合使用让人们进入智慧生活阶段，并将建筑的相对能耗降至最低。

（3）全面推广供需精细化匹配调节技术

2036 年至 2060 年的远期阶段，基于近期及中期阶段对于公共建筑服务水平及能效水平的研究及推广，形成以实际服务需求水平为评价的公共建筑用能效率评价和考核体系，同时建筑能源供需智能化调控和末端个性化需求满足相关技术趋于完善并广泛应用。根据公共建筑需求变化和发展情况，进一步完善评价方法和实施手段，继续推广公共建筑供能和需求的精细化匹配调节相关技术，推动公共建筑绿色低碳发展。

该阶段我国大量公共建筑均配有智能调控系统，互联网、物联网等技术的成熟将提高建筑供需匹配系统的精准度，智能穿戴设备与建筑设备调控系统结合，实现根据人体状态精细调控建筑设备运行。

（4）能耗管理制度成熟完善

2036 年至 2060 年的远期阶段，绿色金融体系基本完善，公共建筑领域的碳排放管理与碳交易制度逐步成熟。本阶段随着技术发展和公共建筑需求变化，依据能源供应发展情况，因地制宜适时调整碳排放管理政策，实现公共建筑在满足不断增长的使用需求的同时推进碳排放进一步降低。

建筑节能改造带来的巨大经济效益将推动建筑能源管理行业的快速发展，公共建筑领域的绿色金融体系将进入成熟阶段，节能服务公司、银行、保险公司等机构将加入建筑能源管理行业，在此背景下将出现更加成熟的合同能源管理模式。融资租赁型合同能源管理模式因金融手段的加入使节能服务公司的财务风险降低，因此该模式在远期阶段有望成为建筑能源管理的主导方式。建筑领域的碳交易市场成熟完善，公共建筑能耗与碳排放达到极低水平，公共建筑碳排放管理模式在该阶段将迈向新的台阶。

5

城镇住宅绿色低碳发展路径研究

5.1 城镇住宅建筑用能现状及特性

5.1.1 城镇住宅建筑用能现状

（1）城镇住宅建筑用能总体概况及特点

城镇住宅用能（不包括北方城镇供暖用能）指的是除了北方地区的供暖能耗外，城镇住宅所消耗的能源。城镇住宅在终端用能途径上，主要有家用电器、照明、空调、生活热水、炊事，以及夏热冬冷气候区的冬季供暖能耗。城镇住宅使用的主要能源是电力、天然气、液化石油气、城市煤气、燃煤等。夏热冬冷气候区冬季供暖大部分为分散形式，热源方式有空气源热泵、直接电加热等，主要针对建筑空间进行供暖。

根据《中国建筑节能年度发展研究报告 2020》的调查统计，2018 年我国城镇住宅建筑面积为 244 亿 m² （2.98 亿户），商品能耗总量为 2.41 亿 tce，占建筑总商品能耗的 24%，能耗强度为 9.88kgce/m²。近二十年来，城镇住宅建筑能耗总量和能耗强度均呈现逐年增长的趋势，2001 年到 2018 年，我国城镇住宅能耗年增长率达到 7%，如图 5.1-1 所示。

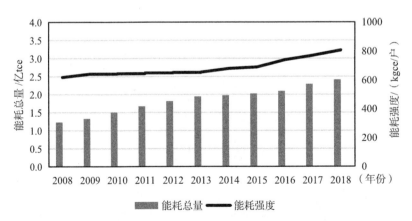

图 5.1-1　2008～2018 年城镇住宅建筑（不含北方地区供暖）能耗总量和强度变化
（数据来源：中国建筑节能年度发展研究报告 2020）

2018 年，城镇住宅碳排量总量为 4.3 亿 t CO_2，较 2017 年的 4.14 亿 t CO_2 增长 3.8%，占建筑运行相关碳排放总量的 21%，与农村住宅基本持平。城镇住宅能源消耗主要是电，因此碳排放以间接排放为主，单位面积的碳排放强度为 17.5kg CO_2/m^2，与 2017 年的 17.4kg CO_2/m^2 基本持平。

（2）城镇住宅建筑节能工作现状

与公共建筑相比，城镇住宅建筑类型较为单一，无论是能耗总量还是能耗强度都处于较低水平。但城镇住宅建筑与人民的生活息息相关，城镇住宅建筑节能的开展与居民密切相连，也是建筑节能工作的重点之一。

1）城镇住宅建筑节能主要政策

我国城镇住宅建筑节能开始较早，在"九五"期间就开始探索实施城镇住宅建筑的节能工作。"九五"时期住宅的节能由示范逐步扩展，从少数北方城市的单栋节能试点住宅发展为几十个城市成批建设节能示范小区。"十五"期间，我国的城镇住宅节能工作更进一步，建设了一大批节能建筑和示范小区。通过示范应用，研发新型节能材料、技术和设备。并以试点工程建设为载体，推广建筑节能新技术，展示节能成果。"九五"和"十五"期间，我国的城镇住宅建筑节能工作为新时期我国全面开展建筑节能奠定了坚实的基础。

2）城镇住宅建筑节能主要标准

根据我国的气候条件的划分，先后发布了《夏热冬冷地区居住建筑节能设计标准》JGJ 134、《夏热冬暖地区居住建筑节能设计标准》JGJ 75、《严寒和寒冷地区居住建筑节能设计标准》JGJ 26、《温和地区居住建筑节能设计标准》JGJ 475，并不断修订升级。我国的住宅建筑节能设计标准最终形成了标准体系，更加科学合理，适用性和可操作性更强。

3）大力发展绿色建筑等节能型建筑

在城镇住宅建筑节能工作中，绿色建筑、超低能耗建筑、被动式住宅等节能型建筑的繁荣发展起到了重要的作用。

绿色建筑由于其技术先进性和建造的增量成本，大部分主要集中在城镇中。为推进绿色建筑发展，2006 年以来，我国先后出台了《绿色建筑评价标准》GB/T 50378、《关于加快推动我国绿色建筑发展的实施意见》（财建〔2012〕167 号）、《绿色建筑行动方案》（国办发〔2013〕1 号）、《建筑节能与绿色建筑发展"十三五"规划》（建科〔2017〕53 号）等一系列标准和政策。由于绿色建筑一大部分为城镇住宅建筑，其在城镇住宅建筑节能工作中贡献突出。

除了绿色建筑，我国近年来对于超低能耗建筑、被动式建筑、零能耗建筑等节能型建筑也予以了大力的支持，这类节能型建筑的兴起使得具备节能功能的新建建筑在我国城镇住宅建筑中的比例逐渐增加，成为实现城镇住宅建筑节能的重要手段和途径。

4）开展既有居住建筑节能改造工作

我国既有居住建筑的节能改造始于对采暖地区居住建筑的改造。2006 年《国务院关于加强节能工作的决定》（国发〔2006〕28 号）中对建筑节能提出，通过既有建筑节能改造，深化供热体制改革。2007 年，国务院印发《节能减排综合工作方案》（国发〔2007〕15 号），提出了"十一五"期间推动北方供暖区既有居住建筑供热计量及节能改造 1.5 亿 m² 的工作任务。

2011 年《国务院关于印发"十二五"节能减排综合性工作方案的通知》（国发〔2011〕26 号）中提出，"十二五"期间完成北方供暖地区既有居住建筑供热计量及节能改造面积 4 亿 m² 以上。完成老旧住宅节能改造任务的 35%，改善 700 万户城镇居民供暖及居住条件。在"十二五"结束时，北方供暖地区在"十二五"期间累计完成既有居住建筑供热计量及节能改造面积 7.5 亿 m²，全面超额完成国务院明确的 4 亿 m² 的改造任务，既有居住建筑节能改造取得了辉煌的成果。

"十三五"时期，国务院印发的《"十三五"节能减排综合工作方案》（国发〔2016〕74 号）明确提出：强化既有居住建筑节能改造，实施改造面积 5 亿 m² 以上，2020 年前基本完成北方供暖地区有改造价值城镇居住建筑的节能改造。我国既有居住建筑的改造重点已经开始由北方供暖地区转向夏热冬冷和夏热冬暖地区，既有居住建筑改造已全面展开。

5.1.2 城镇住宅建筑用能特性

（1）城镇住宅能耗总量与能耗强度增长迅速

虽然城镇住宅建筑能耗总量在建筑总能耗中所占比重不大，能耗强度相比于公共建筑和北方供暖也较低，但我国城镇住宅能耗总量和能耗强度近年来却增长迅速。2001～2018 年我国城镇住宅能耗的年平均增长率达到 7%，2018 年各终端用能途径的能耗总量增长至 2001 年的 3.4 倍。由于居民生活水平和城镇住宅电气化率尤其是炊事电气化率的提升，其单位面积电耗呈逐年增长的趋势：2000 年单位面积电耗为 9.31kWh/m²，而 2017 年达到 16.29kWh/m²，增长了约 1.75 倍，电力在城镇家庭用能中的比例越来越大。

造成住宅建筑能耗总量和能耗强度增长迅速的原因主要包括两方面：

一是住宅面积的持续增长。根据政府工作报告，2019 年我国常住人口城镇化率首次超过 60%，城镇人口的增加带来住房需求的增长，因而房地产行业近年来处于高速发展阶段，由此导致我国城镇住宅面积近年来增长迅速，2017 年我国城镇住宅建筑面积为 238 亿 m²，2018 年为 244 亿 m²，增长速度为 2.5%。

二是人民生活水平的不断提高。随着我国全面建成小康社会进入决胜阶段，我国居民生活水平近年来不断提高。党的"十九大"提出新时期我国社会的主要矛盾转变为人民日益增长的物质文化生活需求与发展不平衡不充分之间的矛盾，为解决主要社会矛盾，我国采取各种措施以提高居民的生活水平，居民生活水平的提高带来能源消费的增长，体现到居民日常生活中就是所需的各类家具家电等用能设备增加，例如家用洗碗机、烘干机等高能耗家电开始逐渐普及。此外，居民对于室内环境要求的提高，对于室内的温度、湿度以及空气质量都有较高的要求，因此空调、新风系统、空气净化器的使用量增加，这都导致城镇住宅能耗强度呈现较快增长的态势。

（2）城镇住宅建筑分项用能范围增加

炊事、空调和照明是我国城镇住宅用能比例较大的分项（除北方集中供暖外），我国近年来采取了如家电能效补贴、实行照明强制性标准等各项政策和重点工程，这三项终端能耗的增长趋势得到了有效的控制，近年来的能耗总量年增长率均比较低，但新的分项能耗出现增长态势，洗衣机、洗碗机、干衣机、饮水机、电冰箱、电脑等设备用能不断增加。

同时，随着居民生活水平的不断提高，我国住宅建筑设备形式、室内环境营造方式和用能模式与西方发达国家越来越相似，近几年高档住宅、高端小区和别墅等类型的住宅建筑面积迅速增加，这类建筑多采用中央空调，保持"恒温恒湿"的室内环境，能源消耗量大大高于一般住宅。

5.2　用能影响因素及发展目标

5.2.1　影响因素分析

（1）建筑本体特征因素

影响住宅能源消耗的建筑本体特征包括围护结构、建筑形体、空间设计等。建筑本体保障着室内热舒适环境，影响着建筑采暖和空调能耗。根据调研情况，我国住宅空调能耗强度水平在 $2.2 \sim 7.9 kWh/m^2$ 之间，随着地理气候条件不同，能耗强度有所差异，且随着经济发展有所增强。例如南部地区空调能耗明显高于北方地区，广州地区平均能耗约是北京的 $3 \sim 4$ 倍。供暖能耗方面，北方地区集中供暖能耗在北方供暖分项详细论述。城镇住宅的供暖能耗主要指夏热冬冷地区等分散供暖能耗。根据调研数据，该地区采用分散供暖的家庭供暖电耗强度在 3 ~ 4kWh/m²。由建筑特征影响的空调及供暖能耗是城镇住宅能耗的重要组成部分之一。

在建筑本体特征因素中，围护结构性能对住宅建筑的节能效果起着重要作用。我国各个气候区的居住建筑节能设计标准分别对不同气候区居住建筑的围护结构传热系数及热惰性指标、建筑物气密性等各项指标进行了明确要求，以促进建筑节能。通过对分别执行 65% 节能设计标准、50% 节能设计标准和无节能设计标准的重庆市 9 个区共 1080 户住户进行用能水平调研，发现实施 65% 节能设计标准相对于 50% 节能标准的住户能够节能 37%。

为提高围护结构性能，住宅建筑特别是超低能耗住宅的保温层厚度一般较大，比如普通模塑聚苯板（EPS），其厚度可达 300mm 左右。然而，较厚的保温层会影响固定件的可靠性及耐久性，同时占据更多的有效室内使用面积。因此，应优先选用高性能保温材料，以减小保温层厚度。同时，保温系统设计时，还应综合考虑外围护结构内表面结露风险，并保证其防水透气性能、耐候性、抗风荷载、耐冰融等各项性能要求。目前较为常用的外墙保温材料有岩棉板、石墨聚苯板、挤塑聚苯板、高密度膨胀聚苯板、模塑聚苯板等。

门窗是建筑围护结构的重要组成部分，其传热损失约占建筑外围护结构热损失的 40%，因此是室内外热交换最薄弱的环节。按照欧盟标准 EN832 计算得到的移动样板被动房的年供暖能量平衡结果：12% 的窗户面积份额造成了被动房 50% 的能量损失[77]。一般而言，窗墙比越小节能效果越好，空调能耗与窗墙比基本呈正线性关系。以典型建筑进行能耗影响因素敏感性分析，发现对建筑能耗影响的敏感性大小依次是窗墙比（供冷能耗）、外窗传热系数、外墙传热系数、窗墙比（供热能耗）、屋面传热系数[78]。其中，窗墙比对能耗的敏感性分析见图 5.2-1。

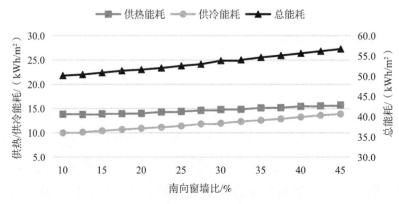

图 5.2-1　能耗随南向窗墙比变化曲线

另一方面，窗户在居住建筑中承担着天然采光、拓宽视野、接收热辐射等多重作用，窗墙比并非越小越好。实际上，近年来，住宅的窗户面积越来越大，通过窗户进入到室内的太阳辐射成为夏季空调能耗的主要来源，夏季室内过热的主要成因是大量热量以太阳辐射的方式通过窗或玻璃幕墙进入室内，而遮阳是获得舒适温度、减少夏季空调能耗的有效方法。因此，住宅建筑采取一定遮阳措施可有效减小建筑能耗。

除围护结构外，建筑平面形式、体形系数、朝向等同样影响建筑节能效果。我国著名的建筑物理学家胡璘对住宅的建筑平面、体形和朝向与节能的关系进行了研究，得出从减少建筑外露面积的角度考虑，圆柱形建筑节能效果最佳；另外通过分析建筑体形、高度、体形系数三者的对比关系，得出最经济实用的板式住宅的层数为 4~6 层，进深为 9~13m，住宅长度为 25~50m；最后分析建筑朝向与节能的关系，得出住宅平面以主朝向南北为最有利[79]。清华大学建筑学院的蔡君馥等人[80] 在对北京、西安、哈尔滨三个地区常用的条形居住建筑在不同体量下的传热耗热量指标计算分析的基础上，认为从节能考虑适宜的住宅进深为 12~14m，当建筑面积在 2000m² 以下时，层数以 3~5 层为宜，建筑面积在 3000~4000m² 时，层数以 6 层以上为宜。

建筑布局影响着建筑的天然采光和自然通风，进而影响建筑能耗。高层建筑布局往往形成狭长的甬道，进而形成风洞，因此，高层建筑布局的场地风速往往高于多层与低层建筑布局。同时，建筑间距影响着日照时间和日照质量。建筑合理布局可以有效减小冬季寒冷气流的风速，从而降低建筑热损失以及能耗，也可以获得更多日照[81]。同时，相关研究表明，不同建筑布局的微环境存在较大差异，比如围合式和行列式建筑布局比点群式更易产生热岛效应[82]。

（2）建筑体量与利用率

在快速的城市化发展过程中，我国住房空置率也逐渐增高。2011 年、2013 年、2015 年和 2017 年我国城镇地区住房空置率分别为 18.4%、19.5%、20.6% 和 21.4%。2017 年全国城镇地区有 6500 万套空置住房[83]。已经远高于 5%~10% 的合理空置率区间。空置率过高的同时，部分居民的居住需求却未得到合理的满足。空置的房屋既浪费了建材生产、房屋建造等能耗，又增加了房屋维护能耗，是我国城市发展和节能过程中必须重视的因素。

在微观方面，单户城镇住宅用能主要包括两个方面，一方面是用于建筑室内环境营造的供暖、空调、通风、照明等能耗；另一方面是用于满足建筑用户使用需求的热水、炊事、洗衣及其他生活电器等用能设备能耗。室内环境营造能耗主要受到建筑面积大小、建筑围护结构性能及用户对于空调、照明等系统的使用方式影响。而用于满足用户生活需求的热水、炊事及其他电器等设备能耗则主要受到用户人数、用户生活方式、使用习惯等影响。所以对于微观户用能耗，建筑体量的增加会导致室内环境营造能耗的增加，而用户人数的增加则往往带来生活需求部分能耗的增加。

（3）住宅用能设备因素

城镇住宅用能设备对于城镇住宅能耗的影响主要体现在设备保有量和设备能效等方面。针对设备保有量，以热水器为例，目前我国家庭使用最多的热水设备是电加热热水器、太阳能热水器和燃气热水器，占比分别为39%、24%和22%。受太阳能资源、经济发展水平及居住人员密度等影响，太阳能热水器在山东、云南等省份应用较高，达到了40%以上。太阳能热水器具有较低的运行能耗，但是应用条件要求较高，为了保障水温稳定等，常常需要依靠增加电辅热或与空气源热泵热水器等才能使用。应用最广的电加热热水器具有初投资低、安装使用方便的优点，但是其能源消耗较高。

在设备能效方面，我国相关标准对于设备能效水平的规定较为宽泛，比如燃气灶热效率，根据《家用燃气灶具能效限定值及能效等级》GB 30720—2014要求，不同形式、不同等级的家用燃气灶热效率标准为53%～68%，最高能效要求和最低能效要求之间相差约15%。对于全国城镇住宅5761万tce的炊事能耗，提高15%的设备效率每年能够节约865万tce能耗。对于热水器，根据《储水式电热水器能效限定值及能效等级》GB 21519—2008规定，1～5级电热水器24h固有能耗系数限值为0.6～1.0，不同电热水器能耗同样存在着较大差距。

现代空调技术经过上百年的发展，逐渐覆盖人们的生活，成为人们生活中必不可少的家居用品。空调新能效标准《房间空气调节器能效限定值及能效等级》GB 21455—2019的颁布，替换了原本空调能效标准《房间空气调节器能效限定值及能效等级》GB 12021.3—2010、《转速可控型房间空气调节器能效限定值及能效等级》GB 21455—2013，其能效指标逐渐靠近国际水平。整体上来看，中国空调行业的能效准入指标等级明显提升，与原来相比能够节省大约14%的能耗。同时，根据国家发展改革委、中宣部、科技部等十部门出台的《关于促进绿色消费的指导意见》，2020年，我国能效标识2级以上的空调、冰箱、热水器等节能家电市场占有率达到50%以上。由此可见，我国在高能效空调器及家用电器产品普及上不断加速。

近年来夏热冬冷地区冬季供暖问题逐渐成为提升人民生活幸福感的重要议题，分体式热泵空调系统、燃气壁挂炉供暖系统、小区集中锅炉、热泵系统等开始逐渐出现和应用。对于应用最广的分体式热泵空调系统，如上所述，《房间空气调节器能效限定值及能效等级》GB 21455—2019 颁布后能够节省大约14% 的能耗，对于电加热器、电热毯等电直接加热设备，热转化效率低于 1，远低于空调系统能效，适用于作为辅助热源使用。

照明能耗是我国城镇住宅能耗的重点分项，2015 年我国城镇住宅照明总耗电量为 984 亿 kWh。我国在 2004 年以来逐步推广应用高效节能照明产品，淘汰低能效产品，到 2016 年全国城镇住宅中紧凑型荧光灯使用率已达到 49%，而 LED 节能灯使用率达到 39%，90% 左右家庭均采用了高效照明灯具，对于我国城镇住宅低碳发展意义重大。

除以上主要耗能设备外，洗衣机、电视机、电冰箱等其他生活电器产品都有着不同的能源使用效率，同一产品能效水平相差甚大，同时各产品在各自产业中也不断升级优化，逐步提升能源利用效率，满足使用需求情况下逐步降低能源消耗。

（4）居民用能方式与习惯

生活方式同样是家庭能耗强度差异的主要因素。以下从供暖空调、炊事、生活热水等主要生活用能分项方面分析生活方式差异对能源消耗的影响。

城镇住宅中的供暖能耗主要指夏热冬冷地区的供暖能耗。我国夏热冬冷地区住宅供暖能耗从 2001 年的不到 200 万 tce 增长到 2015 年的 1652 万 tce，成为城镇住宅用能中增长最快的分项。从供暖方式看，小区集中供暖形式能耗强度约为户式分散供暖的 10 倍，但未带来明显的满意度提升。造成能耗差异巨大的原因主要为分散供暖时，用户一般采用局部时间、局部区域的供暖方式，能够根据自身需求进行灵活控制，有效降低了由于全空间、全时间供暖带来的能源浪费。

2015 年我国城镇住宅夏季空调总电耗为 745 亿 kWh，相对于 2001 年增长了近 8 倍，是我国城镇住宅能源消耗的重要组成部分。由于 90% 以上居民在空调使用方面采用局部时间、局部空间的开启方式，总体上我国夏季空调能耗水平并不高，但受经济发展、气候条件等因素影响，全国不同区域空调能耗差异巨大，总体呈现南高北低、东高西低的趋势。同夏热冬冷地区供暖情况类似，夏季集中空调系统能耗远远高于分体空调系统，但带来的满意度情况却相差不大。

炊事能耗是我国目前城镇住宅建筑能耗中占比最高的部分，如图 5.2-2 所示。2015 年度我国城镇住宅炊事总能耗折合 5761 万 tce，单位户均炊事能耗为184kgce/（户·年）。能源种类方面，约 50% 家庭采用管道煤气作为主要能源，电炊具和罐装液化气的比例分别为 24% 和 20%。炊事用能中电能占比近年来上升明显，电饭煲、电磁炉、电压力锅拥有率均明显上升。随着我国城镇人口增多，炊事能耗总量总体处于增长趋势，但是随着生活节奏加快和餐饮及外卖行业的快速发展，居民做饭次数减少，实际户均能耗增长不明显。从调研情况看，炊事能耗主要依赖于家庭在用餐方面的习惯和方式。居民做饭次数、烹饪食物的种类及方式等直接影响家庭炊事能源消耗量，同时饮食习惯差异也对炊事能耗有一定程度影响。

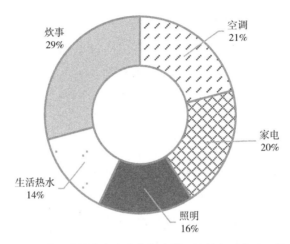

图 5.2-2　中国城镇住宅除北方集中供暖外的各用能分项的比例

　　生活热水能耗是建筑能耗中的重要组成部分。2015 年我国城镇住宅生活热水总能耗折合 2788 万 tce，户均生活热水能耗约为 102kgce/（户·年）。在严寒及寒冷地区，居民对于洗漱、洗衣服及洗菜洗碗的热水需求相对高一些，但是相对洗澡频率略低，冬夏季洗澡频率差异明显。而在夏热冬冷及夏热冬暖等地区对于热水需求主要集中于洗澡用水，洗澡频率在冬夏季差异不大，约为每一至两天一次。同时我国居民多采用淋浴的洗澡方式，相对于其他国家盆浴的方式能够明显降低生活热水的消耗。

　　除以上主要用能方面外，随着近年来经济发展和人民生活水平提升，洗衣机、电冰箱、饮水机、电视机等常规家电设备拥有量逐年上升，而烘干机、洗碗机、扫地机、新风机、净化器以及智能马桶等一些新兴家用电器也开始逐步进入居民生活。家用电器种类的增多一方面提升了居民生活水平，另一方面也带来了更高的能源消耗，居民生活习惯和方式在电气化智能化背景下的变化，也是建筑用能节能的重要考虑因素。

　　对于空调、热水、照明等家用用能设备，除了设备自身的能源效率外，使用方式的影响往往更不能忽视。对于空调系统，采用在使用空间内感觉热才开和全空间全时间开启之间相差的能耗要远远高于设备能效差异导致的能耗。照明、热水等其他家电设备使用具有同样的问题。设备使用中，多数家用电器设备还存在待机电耗问题。肖志平[84]通过对常见家用设备待机电耗测试发现，一个普通家庭家用电器年待机电耗可达335.76kWh，如果养成良好的关闭待机设备的习惯也能够节约大量的能源消耗。根据实际调研及其他机构研究结果情况看，即使相同围护结构条件、设备情况相似的住宅用户，由于生活方式差异带来的能耗差异也能达到数倍之多。

随着人们生活品质的提升，住宅中高品质的现代家居越来越多，同时也带来了更多可持续挥发污染物的装饰材料和生活用品，而建筑的密闭性越来越高，住宅室内卫生状况不容乐观，因装修带来的室内空气质量问题更是日益突出。引入新风成为解决室内污染的重要途径，但也会在一定程度上增加供暖空调能耗，成为住宅能耗增加的重要因素。

5.2.2 阶段发展目标及实现

根据总目标规划，城镇住宅能源消耗及碳排放将继续经过一定时期的持续上升和平稳发展阶段（图5.2-3）。因此，在2035年之前需要控制能源消耗总量达峰并控制在5.88亿tce以内，碳排放控制在7.83亿t CO_2。为实现以上低碳发展目标，期望各阶段目标如下：

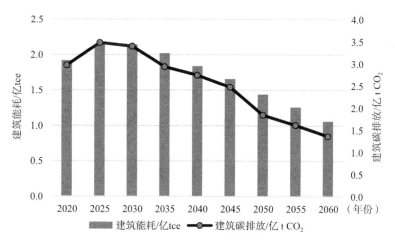

图5.2-3 我国城镇住宅绿色低碳发展目标路线规划

在2025年之前，需要控制城镇住宅能源消耗总量在4.67亿tce以内，碳排放量控制在7.33亿t CO_2左右。该阶段（2021~2025年），我国总人口数量及城镇化率均处于持续发展阶段，城镇住宅建筑规模和能源需求将继续扩大。

在 2026~2035 年期间，控制城镇住宅能源消耗总量增长趋势逐步放缓并维持到 5.88 亿 tce 以内，碳排放量控制在 7.67 亿 t CO_2 左右。随着我国人口的达峰及绿色低碳技术的普及，中期阶段（2026~2035 年）将成为城镇住宅能源消耗及建筑规模增长从高速到低速的转折点。

在 2036~2060 年期间，城镇住宅能源消耗总量逐步下降，到 2060 年下降至 4.8 亿 tce，碳排放量下降至 3 亿 t CO_2。远期优化阶段（2036~2060 年），我国绿色低碳市场活力显现，相关技术获得全面应用，绿色生活方式普及，建筑能源消耗基本稳定，零碳社区建设成果显著。

5.3 技术实施路径

结合中国城镇建筑碳排放现状，并借鉴国外绿色低碳发展政策和措施，城镇住宅建设绿色低碳发展的技术实施路径如表 5.3-1 所示。在近期阶段，持续加强城镇既有住宅的节能低碳改造，实现围护结构本体性能提升改造达到 1 亿 m^2。新建住宅加强被动式技术应用，不断推动超低能耗住宅试点。同时进一步推动炊事电气化发展，实现电气化率提升 30%。试点智能家居，鼓励技术创新，增强智能家居的绿色服务水平。进一步加快风电、光电等可再生能源应用，实现城镇住宅可再生能源应用面积提升 20%，引导城镇住宅向绿色低碳方向发展。

在中期阶段，应加快社区改造，将 30% 的既有住区改造为超低能耗社区，并推进零碳社区试点。推广高能效家用设备及智能家居，进一步发掘住宅节能潜力，并实现住宅电气化率提升 50%。加快能源侧结构改革，实现光电覆盖率提升 40%。在远期阶段，持续扩大城镇住宅低碳改造，实现零碳社区、产能社区推广，此阶段建筑光电覆盖率应达到 80%。

城镇住宅绿色低碳发展的技术实施路径图　　　　　　　　　表 5.3-1

	2021~2025 年近期阶段	2026~2035 年中期阶段	2036~2060 年远期阶段
重点任务	·推进近零能耗居住建筑发展 ·电气化率提升 30% ·试点智能家居	·实现超低能耗建筑改造超过 30% ·推进零碳社区试点 ·推广普及高能效家用设备 ·推广智能家居试点 ·电气化率提升 50%	·持续扩大城镇住宅低碳改造 ·强化零碳社区、产能社区推广

	2021~2025 年近期阶段	2026~2035 年中期阶段	2036~2060 年远期阶段
围护结构性能提升	➤推进北方老旧小区住宅围护结构性能提升 ➤2025 年新建住宅钢结构占比达 30% ➤推动绿色建材发展，打造一批绿色建材应用示范住宅 ➤2025 年新建建筑 30% 为超低能耗建筑	➤推广住宅智能化混合通风技术 ➤发展光伏构件，实现光伏玻璃规模化应用 ➤钢结构住宅占比达 30% ➤推广绿色建材应用，新建及改造住宅中绿色建材使用率达 80% ➤2030 年新建建筑 60% 为超低能耗建筑	➤零能耗住宅规模化推广 ➤减碳围护结构实现大范围覆盖
建筑用能能效提升	➤长江流域试点分布式空调系统 ➤住宅 LED、节能电梯等节能设备利用率提升 30% ➤住宅可再生能源替代率达到 5% ➤加快高性能家用空调普及，现有高性能空调覆盖率提升 30% ➤推动具有一级能效等级的家用电器普及率提升至 30%	➤长江流域分布式空调系统推广 50% ➤住宅可再生能源替代率达到 10% ➤高性能空调覆盖率达 70% ➤具有一级能效等级的家用电器普及率提升至 60%	➤长江流域分布式空调系统全覆盖 ➤住宅光热及光电使用率达 80% 以上 ➤一级能效空调及家用电器普及率在 85% 以上
低碳住区发展	➤建立区域规划绿色低碳技术标准，降低热岛效应 ➤光伏 + 蓄电 + 充电桩、社区公园光伏长廊等多元互补能源发电微电网技术普及率提升 10% ➤将城镇住宅碳排放纳入碳排放交易市场，激励负排放 ➤扩大老旧小区大片区统筹平衡低碳改造规模 ➤提升住区复合绿化覆盖	➤住区多元互补能源发电微电网技术应用规模在 50% 以上 ➤推广分类分级资源循环利用系统 ➤新建及既有社区 100% 符合海绵社区和节水社区要求 ➤推进社区基础设施效率提升	➤零碳社区覆盖率达 90% 以上 ➤推广产能社区建设与改造
绿色低碳生活方式	➤引导"部分时间、部分空间"的设备使用模式 ➤推广互联网 + 智能投放，形成垃圾分类和资源回收体系"两网融合" ➤推广建筑垃圾资源化利用 ➤推动行为节能，开展绿色家庭创建活动 ➤试点智慧社区建设	➤推广智慧家居，实现精准控制 ➤打造花园式无废社区 ➤深化行为节能，绿色家庭创建活动实现全覆盖 ➤智慧社区覆盖达到 65% 以上	➤推进智慧社区技术与规模不断发展、社区智慧与低碳深度融合

5.3.1 近期：加快住区节能建设，推进住区低碳发展

我国人均住宅面积近期将仍旧处于较快的增长阶段，同时，我国城镇化尚在推进，城镇人口数量也将持续增长，城镇住宅建筑面积及能耗未来仍将较快增长趋势。在此期间，为满足 4.67 亿 tce 的城镇住宅能耗总量控制目标，应基

于节能技术发展阶段和经济建设情况，一方面深化城镇住宅节能技术应用，另一方面建立能源生产及高效利用的技术体系。

（1）提升新建和改造住宅低碳水平

建筑的节能性能对城镇住宅低碳发展产生重要影响，从技术推进的角度，建筑围护结构、通风、建材、绿化等是近期低碳技术发展的集中点，也将是城镇住宅本体实现低碳节能目标的突破点。在建筑本体低碳技术的发展应用中，新建住宅与既有住宅改造有着较大的差异，新建住宅强调在建筑的规划设计、施工、建材利用、运行的全过程中完成对建筑节能低碳效果的有效把控；既有住宅在已有基础上实施合理的低碳改造，局限性大，相应的技术针对性也更强。结合科研示范成果，应着力通过以下技术手段提升建筑本体性能。

推进建设超低能耗及近零能耗住宅，实现快速发展。超低能耗、近零能耗住宅建设发展中，既要注重建筑场地、朝向、布局、体形等被动式设计要求，又要在围护结构、自然通风、天然采光、建筑遮阳等建筑物理及细部设计中加强被动式技术选用，施工过程中保障建筑具有良好的气密性并有效消除热桥等影响，同时通过节能设备及调控措施实现低能耗运行目标。在近期的发展中，通过推进建立全国范围的五步节能城镇住宅设计标准，大幅度降低新建住宅碳排放水平。同时将五步节能标准的建立与超低能耗、近零能耗技术标准相融合，形成2021～2060年间超低能耗建筑、近零能耗建筑、零能耗建筑三步走的战略格局。

✎ **典型案例**

中新生态城公屋二期位于天津市滨海新区的中新生态城（图5.3-1），总建筑面积7.2万 m^2。其中，4号楼和5号楼作为被动房示范项目，两栋建筑均为16层，高度均为50.7m。在2020年1月正式投入使用，是德国被动房研究所（PHI）在中国范围内认证的首个已竣工高层被动房项目。

在被动式节能技术方面，通过朝向及布局优化，控制建筑体形系数为0.255；建筑外保温采用240mm厚石墨聚苯板；建筑外窗采用PHI认证的铝包木三玻窗，使用暖边间隔条，外挂式安装；建筑各向外窗的遮阳系数为0.5，并设置电动铝合金外遮阳卷帘。

通过模拟计算分析找出薄弱点进行优化，强化无热桥设计，如施工中采用将挑檐与结构楼板分离的做法断开热桥，预埋件用隔热衬垫与结构隔开以减少埋件与结构墙体的接触，对于一些特殊节点采用保温材料全包裹的形式来阻断热桥等方式，力求将热桥导致的热损失降至最低。

图 5.3-1　天津中新生态城公屋二期鸟瞰图

保障建筑的气密层位置连续且包围整个外围护结构。对门洞、窗洞、电气接线盒、管线贯穿处等易发生气密性问题的部位，专门进行节点设计。实现所有外檐门窗的气密性等级均达到 7 级，分户门气密性等级不低于 4 级。

同时，在主动式节能技术方面，采用高效新风热回收技术、可再生能源利用等技术加强主动节能。

通过以上措施，该被动式节能项目非供暖能耗为 2463.1kWh/（a·h），冬季供暖能耗指标为 7.2kgce/（m²·a），完全满足《民用建筑能耗标准》GB/T 51161—2016 中对寒冷地区居住建筑能耗指标的要求。

持续推动绿色建材在城镇住宅尤其是在绿色建筑建设、施工、装修中的应用。推进绿色建材认证和推广应用，在绿色建筑中率先采用绿色建材，逐步提高城镇住宅新建绿色建筑中绿色建材应用比例。划定重点区域，打造一批绿色建材应用示范居住区，不断支撑城镇住宅绿色建材市场发展。鼓励在新建及改造的住宅中采用矿渣硅酸盐水泥、粉煤灰水泥、石膏水泥等绿色生态水泥，以粉煤灰砖、加气混凝土砌块等绿色环保材料作为墙体材料，大力推进绿色高性能混凝土、绿色墙体材料和绿色装饰装修材料等绿色建材的应用。发展安全健康、环境友好、性能优良的新型建材。

✎ **典型案例**

曹妃甸首堂·创业家住宅建筑位于河北省唐山市曹妃甸新城，总建筑面积 15 万 m²，由三层联排、四层叠拼以及九层花园洋房组成，是专为创业者量身打造的绿色环保、超低能耗的被动式建筑（图 5.3-2）。

图 5.3-2　首堂·创业家被动式超低能耗住宅 213 号楼实景图

建筑设计、施工中积极采用绿色建材及工艺，外窗采用被动房专用的三玻两腔 5Low-E+18Ar+5+18Ar+5Low-E 双暖边中空氩气玻璃，全窗传热系数小于 0.8W/（m²·K），太阳得热系数 0.482，气密性可达 8 级。外门选用被动房专用三防门（防盗、保温、隔声），传热系数不大于 0.8W/（m²·K），气密性可达 8 级，从而极大地减少室内外热交换。外窗采用外挂式安装，窗框与结构墙体间的缝隙处装填预压自膨胀缓弹海绵密封带，外窗洞口与窗框连接处进行防水密封处理，室内侧粘贴隔汽膜，室外侧采用防水透气膜处理。外窗安装时，最大限度地减少外窗框的热桥损失，外墙保温层尽量多地包住窗框。

试点钢结构技术体系，推进新型建筑工业化。钢结构建筑具有良好的抗震性能、可回收性能及易施工性能，符合住宅产业化和低碳发展的要求。采用钢结构可以减少 12% 的能源消耗、减少 15% 的二氧化碳排放。而且钢结构在生产阶段比混凝土节能 3%，减少二氧化碳排放 10%，无论是在资源消耗方面，还是在污染排放方面，都要优于混凝土结构。

近期应不断扩大试点，协同新型建筑工业化发展，通过新一代信息技术驱动，加强钢结构住宅系统化集成设计，持续推进钢结构住宅体系发展。在应用试点和示范基础上，积累总结经验，完善钢结构住宅技术标准，形成系统性强、相互配套的标准体系。强化科技研发力度，提升钢结构建筑防火、防腐等性能，加大钢结构住宅在围护结构体系、材料性能、连接工艺等方面的联合攻关，推动钢结构建筑关键技术体系和相关产业全面发展，为钢结构住宅的规模化发展奠定基础（图 5.3-3）。

图 5.3-3 钢结构住宅施工

因地制宜加强城镇既有住宅保温隔热性能提升改造。北方城镇既有住宅加强围护结构保温和气密性能提升。该地区围护结构热工性能对于供暖能耗的影响远大于对制冷能耗的影响，因此应以提升保温密闭性能为主。围护结构保温性能提升一般通过增加外墙保温层实现，而门窗作为围护结构性能的薄弱点应重点突破。改造中提高门窗节能性能应从三方面入手：一是更换外窗，提高窗框的保温性能，如采用多腔框体、断桥处理等措施；二是采用节能玻璃，包括热反射镀膜中空玻璃、Low-E 玻璃、真空玻璃等；三是提高门窗的气密性，如增加密封条、严格控制施工质量等。

南方城镇既有住宅加强建筑隔热改造。在长江中下游及其以南地区，由于建筑制冷需求大，因而围护结构设计首先要注重遮阳和通风，在这些地区过分强调围护结构保温气密性会阻碍室内热量的排出，增大制冷能耗。因此南方城镇住宅改造中应通过设置外遮阳、增加高性能隔热涂料、设置通风墙、增加立体绿化等方式加强隔热设计。同时在考虑太阳运行规律、房间朝向、建筑间互遮阳、建筑形体自遮阳等基础上，结合地域和气候特征，在一体化的隔热技术方向上做出创新。

提升住宅及居住区立体复合绿化水平。既有住宅改造中采用建筑墙面立体绿化和建筑空间立体绿化等方式，在建筑外立面、内立面、露台、阳台、屋顶等位置增加绿化。立体绿化在夏季可通过植物对太阳辐射的遮挡和反射作用降低建筑围护结构外表面的辐射得热，同时依靠蒸腾作用降低周围温度，达到隔热目的；在寒冷的冬季，较厚的植物覆盖提高了建筑保温性能。在建筑墙面改造的立体绿化植物选种中，应考虑不同习性的攀缘植物对环境条件的不同需求，并根据攀缘植物的观赏效果和功能要求进行设计，还要根据不同种类攀缘植物特有的习性，选择与创造满足其生长的条件。建立新建住宅立体复合绿化技术标准，结合当地气候环境，因地制宜提出植物选择及指标要求。充分利用公共绿化空间、住宅间绿化空间、道路绿化空间、附属绿化空间、房顶绿化空间、墙面绿化空间、阳台绿化空间等，聚焦各绿化空间性质及功能的不同，有针对性地发挥绿色植物在遮阳降温、吸收 CO_2、提升住区环境等方面的关键作用。

> ✏️ **典型案例**[85]
>
> 　　2017年9月，青岛市城乡建设委编制了《青岛市屋顶绿化建设导则》，指导莱西市先行先试，试点打造了两处住宅小区立体绿化精品工程。其中，紫悦府小区屋顶花园绿化约1万 m^2，小区绿地率达到约60%。该小区屋顶花园的绿化形成了立体的"五重奏"：高度最低的为草坪，其次为不到半米高的石楠、岩石杜鹃等地被类植物，再次为景观植物球。整个小区绿色景观层次分明，错落有致，实现了"人在花园中，城在绿树中，四季有彩，冬季有绿"的效果，获得了2017年度省级园林绿化示范小区荣誉称号（图5.3-4）。

图5.3-4　紫悦府小区立体绿化改造

（2）促进建筑用能设备能效提升

城镇住宅用能设备种类及规模近期将不断增长，本节从影响住宅能耗较大的空调、照明、电梯、制冷、炊事及可再生能源利用等方面探讨住宅低碳发展技术路径。

推广节能电梯在老旧小区改造中的应用，并加大对高能耗电梯的节能改造或更换。新建小区提升电梯节能标准，持续扩大节能电梯应用比例。发展电梯驱动、控制及能量回收一体化系统，并利用电梯 IoT 数据、楼宇数据提高调度系统效能。持续挖掘电梯节能潜力，发展如低能耗的电梯及电梯环境照明与显示系统、根据运行参数变化进行预先动作的电梯新型导向系统等技术方向，为节能电梯的大范围推广奠定技术基础。

加快更高效的照明设备普及。提升住宅中的 LED、O-LED 等高效照明产品的使用比例，不断研发完善新的照明技术。LED、O-LED 照明（图 5.3-5）具有高效节能、寿命高、光效率高、健康、绿色环保等优点。近期应在不断扩大该产品覆盖率的同时强化照明智能调节控制，使住宅照明从健康和环保两方面均有较大突破。

图 5.3-5　有机发光二极管（OLED）照明

实现具有一级能效等级的家用电器普及率提升至 30%。针对我国当前普遍应用的家用电器，如电视机、洗衣机、燃气灶、各类电炊具等，以及部分新兴的家用电器，如洗碗机、烘干机、电烤箱、智能马桶等，通过用能设备产品管理和标准制定，继续提升和完善现有用能产品能效约束，对新兴用能设备补充制定相关能效标准，并逐步纳入能效标识管理目录。对不适用于我国国情的高耗能设备，试点制定相关约束措施，控制其市场发展。

在炊具低碳发展方面，增加电力在终端用能中的比例，提高用能效率。近期阶段应继续倡导使用电炊具代替燃气或燃煤炊具，加大电炊具研发力度，不断推出高效适用的新产品，满足方便高效的炊事需求。

持续提升家用空调能效等级。《房间空气调节器能效限定值及能效等级》GB 21455—2019 的颁布对我国家用空调节能产生了重要影响。在当前发展形势下，为推进住宅低碳发展水平，应通过财政补贴、宣传教育等形式持续推广高能效等级空调，同时依靠技术创新不断降低居民对高能效家用空调的购置成本，实现既有建筑中的低能效等级空调提升率达 30%。

扩大政策宣传，完善标准限定，引导合理的住宅设备配置观念，纠正盲目模仿西方国家的全封闭、机械化的住宅建设理念。除严寒、寒冷地区外，通过

明确系统运行 *COP*、可调节性、节能性等技术规定，引导城镇用户选择分散可调节的空调设备，避免住宅建设中统一配置集中式等末端难以调节的系统。建立并不断完善空调选用、安装及使用技术标准，在空调匹配、安装位置、配管方式、障碍物规避、温度设定等方面给出具体的节能指导。

✎ **典型案例**

山水龙庭住宅示范区位于山东省日照市山海二路以北，总建筑面积 24.99 万 m²，总户数 898 户，其中 22 号楼至 30 号楼为被动式低能耗建筑（图 5.3-6）。

在主动式节能技术方面，该住宅不采用集中供暖和制冷设备，而是在每户采用五位一体新风机组作为主要的冷热源形式。该设备采用分体式结构设计，分为室内机和室外机，机组与室内风管和出风口连接后成为一个室内空气处理系统，集新风、净化、制冷、制热、除湿功能于一体，为用户提供洁净、舒适的室内居住环境，为建筑提供新风和空调负荷。机组新风模式下可以实现 75% 的热回收率。夏季制冷工况下机组的制冷量为 3500W，制冷功率为 1230W；冬季制热工况下机组制热量为 3800W，制热功率为 1150W，同时可以有效过滤室外新风和室内空气中有害物质，$PM_{2.5}$ 过滤效率大于 90%，同时除湿量可以达到 1.3kg/h。

通过采用高性能环境营造设备，在实现环境健康和舒适的前提下，该住宅单位面积能耗为 11.7kWh/（m²·a），是《民用建筑能耗标准》GB/T 51161—2016 中对寒冷地区居住建筑非供暖能耗指标约束值的 86.2%，达到标准要求。

图 5.3-6　日照山水龙庭被动房 26 号楼

在新建及既有住宅屋顶安装分布式光伏发电系统，推进光热及光电在住宅中的应用。随着光伏生产成本的大幅下降，光伏屋面大发展的客观条件已经具备，光伏和建筑应形成合力，在既有小区改造中，屋顶平台加装太阳能发电系统，建成光伏屋顶，新建住宅重点发展光伏建筑屋面一体化（BIPV），实现光电使用率达20%，推动光伏屋面产业化、规模化、健康发展，为实现智能微网光伏屋面小区并网打好基础。借助分布式可再生能源技术发展进步，试点太阳能、风能利用与土壤源、水源、地源热泵等的耦合供能方式，逐步推广住宅各项可再生能源利用技术。

图 5.3-7　住宅光伏屋面

同时，借助分布式可再生能源技术发展进步，试点太阳能、风能利用与土壤源、水源、地源热泵等的耦合供能方式，逐步推广住宅各项可再生能源利用技术。

长江流域城镇住宅冬季供暖应遵循"部分时间、部分空间"的策略，即只在有需要的时间和空间提供必要的供暖措施，追求达到"不冷"的状态（非"热"的状态）。而区域集中式供暖空调系统末端调节和关闭能力有限，"部分时间、部分空间"供暖空调模式运行方式实现难度大，且经济性差。因此，由于气候特点、能源结构、建筑特点和历史原因，在缺乏灵活高效的末端调节情况下，长江流域住宅不应该采用集中供热，应通过标准、政策引导，减少集中式供暖空调系统在长江流域的应用。分布式空调系统是相对于集中式空调系统而言的，特指直接蒸发式空调系统。该系统控制简单，只需要控制分体空调出厂的设备质量，在居民传统的"部分空间、部分时间"的使用模式下，可以达到较低的能源消耗。因此，近期阶段应该根据该地区的特点采用分布式空调系统进行供暖，不断提升系统能效及调节的灵活性。

（3）加强住区低碳发展

加强住区微气候设计，降低热岛效应。综合考虑地域性特点，新建住区合理进行建筑群布局，通过有效的设计手段优化建筑朝向、景观植被、水景布置、建筑布局、道路组织、建筑间距等，强化住区通风效果；既有住区加强场地遮阳、提高住区绿化面积、强化下垫面反射等，营造良好的住区热环境。在总体规划上，应以城市的环境容量作为设计的参考依据，对规划结构、当地政策导向及综合居住空间的内部组织结构做出适当的调整（图5.3-8）。

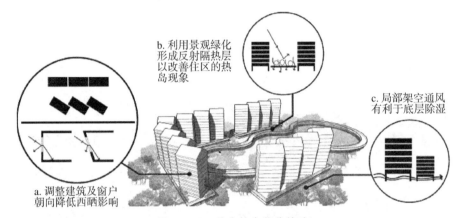

图 5.3-8　住宅热岛优化策略

来源：陈立华.基于住区微气候分析的住区节能规划布局策略——对桂林市居住小区的调研分析 [D]. 2017.

推广住区多元互补能源发电微电网技术。多元互补能源发电微电网是由分布式能源、储能装置、能量转换装置、负荷、监控和保护装置等组成的小型能源管理、传输和调配系统。本阶段应不断发展基于住区的多种形式多元互补能源发电微电网技术，提高住区可再生能源发电灵活性和可控性。针对电动汽车充电困难问题，划定试点区域，以小区配电为核心，在高负荷密度小区建设"光伏＋储能＋充电桩"的微电网系统，并根据需要与市政电网灵活互动，降低充电站配电线路成本（图5.3-9）。

试点老旧小区大片区统筹平衡低碳化改造。大片区统筹平衡模式要求将一个或多个老旧小区与相邻的旧城区、棚户区、旧厂区、城中村、危旧房改造和既有建筑功能转换等项目捆绑统筹，进行规模大的小区和规模小的小区的"肥瘦搭配"，生成老旧片区改造项目，以此对电梯、停车、绿化、结构安全、社区公共卫生、社区商业、物业等进行综合性改造。近期老旧小区大片区统筹平衡改造试点中应注重低碳效益，以提升社区内能源生产和应用效率为主要抓手，通过项目内部统筹搭配，降低小区内部停车拥堵、行车路径不畅等问题。结合

图 5.3-9　住区绿化

住区多元互补能源发电微电网技术，实现用能自我平衡。总结经验，形成相应技术标准体系并在全国推广。

（4）引导绿色低碳的生活方式

引导"部分时间、部分空间"的设备使用模式。随着建筑被动节能技术措施的应用和设备系统效率的优化提升，城镇住宅的绿色低碳化发展将取得显著进步，本阶段需要倡导居民绿色生活方式，发挥住宅用户自身主观能动性，调节能源使用和自身需求，减少能源浪费。通过制定居民绿色节能理念宣传引导策略，倡导居民充分利用自然通风、在有需要的时间和空间使用用能设备，即采用"部分时间、部分空间"的住宅设备使用模式。

考虑热湿环境及空气质量影响，为居民提供合理的开窗通风策略指引。减少夏季及过渡季对室内空调的过度依靠。当室外温度在 $10 \sim 25℃$ 之间时，通过改变室内外通风换气状况，可满足室内热舒适环境要求，而不需要使用空调，尤其在长江流域及以南地区，应更加重视开窗通风的节能和舒适作用。在室外严重污染的天气，通过精细化的污染影响分析，指导居民形成有效的开窗通风策略，在合适的时间减少室内污染，必要时增加基于内循环的净化器设备。站在实现我国能耗总量和能耗强度双控目标的角度，应尽量减少单元式新风机的使用，更应避免像发达国家一样大规模引入全住宅的机械新风系统。

推广"互联网＋智能投放"，形成垃圾分类和资源回收体系"两网融合"。在垃圾处理中，积极运用互联网技术，由点到面大规模推动垃圾分类回收治理体系的建立。通过互联网平台下单＋社区人员上门回收、设立自助投递的智能回收设备等新模式，完善互联网线上线下一体化服务，建立智能化交易体系，保障规范化垃圾清运及末端处理，解决可回收品随意丢弃造成资源浪费的问题，有效促进垃圾减量。将垃圾分类收运体系和再生资源回收系统两个网络进行有机结合，对生活垃圾投放收集、清运中转、终端处置业务进行统筹规划，实现投放点的整合统一、作业队伍的整编、设施场地的共享等（图 5.3-10）。

图 5.3-10　社区"两网融合"回收站

推广建筑垃圾资源化利用。通过试点示范引导建筑装修垃圾分类管理，推动垃圾分类存放、运输和消纳，并因地制宜加大建筑垃圾资源化再生产品的推广，在政府投资的建设项目中，优先使用该类再生产品。不断完善建筑垃圾资源化利用标准体系，编制或修订相关标准，推动建筑垃圾资源化利用的规范化。完善垃圾分选工艺技术、再生骨料强化技术、再生建材生产技术等，为建筑垃圾资源化的常态化发展奠定技术基础。

开展绿色家庭创建活动。绿色家庭创建行动是国家发改委牵头开展的绿色生活系列创建活动之一，旨在引导广大家庭践行简约适度、绿色低碳的生活方式。本阶段应不断加强绿色家庭推动力度，反对奢侈浪费和不合理消费。一方面加强差异化宣传，提升居民的认知度和参与度，通过多种形式进行宣传，达到潜移默化的效果；另一方面以小带大，推动绿色家庭建设活动。借着垃圾分类强制执行、塑料限制的政策大背景以及各类配套措施的逐步完善，通过垃圾分类、限塑，加强对于绿色家庭的宣传和普及。同时，完善绿色家庭所需要的社区基础设施建设。进一步优化地铁和公交的衔接，提升居民公共出行便利程度，提高居民绿色环保行为的获得感，让居民对生活环境质量要求的提高在绿色家庭的开展过程中得到满足。

试点智慧社区建设。智慧社区是利用物联网、云计算、大数据、人工智能等新一代信息技术，融合社区场景下的人、事、地、物、情、组织等多种数据资源，提供面向政府、物业、居民和企业的社区管理与服务类应用，提升社区管理与服务的科学化、智能化、精细化水平，实现共建、共治、共享管理模式的一种社区。本阶段应将低碳理念融入智慧社区建设中，通过试点示范和一定范围的推广，总结信息化与低碳社区建设有机结合的经验，形成低碳智慧社区建设和改造的技术标准体系。妥善解决现有的智慧社区建设所面临的质量参差不齐、人文关怀程度低、老年化阻碍明显等问题。在大数据、信息化的时代背景下，社区服务需在改进自身不足的同时，以互联网、物联网等信息技术手段为支撑，创新物业管理与发展理念，形成具有高集中性、高互动性、高动态性的运营模式，将科技等各种智慧手段融入社区的服务，促进社区低碳发展（图5.3-11）。

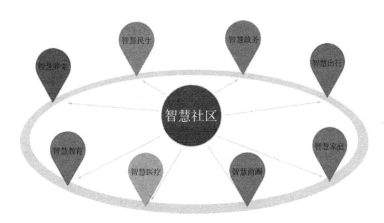

图 5.3-11　某智慧社区形态

5.3.2　中期：推广超低能耗住宅，住区低碳建设全面升级

基于前期阶段的超低能耗住宅建设经验及产业基础，住宅被动式技术将获得进一步发展，相关设备及运行管理经验获得普及。在此基础上，本阶段超低能耗住宅建设与改造将进入到大范围推广阶段，根据我国碳中和发展目标，应实现超低能耗社区改造超过 30%。同时推广普及高能效家用设备及智能家居，进一步发掘住宅节能潜力，并实现电器使用率提升 50%。本阶段随着居民节能意识的提升，应不断倡导绿色的生活和行为方式，提升住区公共服务水平，在

保障生活舒适性的条件下，将大规模居民的绿色生活行为作为推动城镇住宅绿色低碳发展的关键力量。

（1）持续推广超低能耗社区建设

扩大超低能耗社区改造。经过近期阶段被动式超低能耗技术的发展，节能门窗、保温材料、新风热回收等关键部品和设备性能将获得大幅度提升，在此基础上，应加大近零能耗住宅技术体系研究，进一步扩大示范规模，加大建设比例，总结技术经验，形成一批量大且可复制、可推广的城镇近零能耗住宅项目。同时，持续推进既有住宅建筑超低能耗改造。更加侧重住宅建设和改造中被动式超低能耗技术应用模式机制的创新，推进超低能耗建筑及近零能耗建筑的成本优化，实现被动式节能技术的广泛应用。

在超低能耗住宅发展过程中，同时推动低碳社区发展。在老旧小区改造基础上，深化改造的被动式技术应用，重点进行超低能耗社区的大范围推广，不断优化运行机制，实现超低能耗社区改造超过 30%。

推广住宅智能化混合通风技术。本阶段开窗行为与室内环境之间的关系将更加明晰，通过混合通风技术实现建筑热舒适自发控制的技术基础已经形成。该阶段可在最大化利用自然通风的基础上，适当发展混合通风，借助成熟的智能化感知和控制技术，形成智能化混合通风系统，实现按需通风，满足室内通风的同时具有较佳的舒适度、空气品质以及较低的能耗。

发展光伏构件，实现光伏玻璃规模化应用。紧接前期发展，进一步推进光伏构件普及。在建筑的墙体、窗、采光顶、屋顶、幕墙、雨篷、遮阳板等多种部位，推进光伏瓦、中空玻璃光伏构件、铝蜂窝板光伏构件、真空玻璃光伏构件和 FRP 板光伏构件等，实现光伏玻璃等光伏构件规模化应用（图 5.3-12）。

持续推进新型建筑工业化在住宅建设领域发展。深化物联网、大数据、智能建造等技术应用，强化科技赋能，在新建及改造住宅中持续推进钢结构体系，实现钢结构住宅占比达 30%。在全国范围内完善钢结构产业布局，积极创建钢结构住宅生产基地，深化产业能力建设。

图 5.3-12　光伏陶瓷瓦

加强技术创新，积极推广住宅通用化产品和成套技术。并通过规模化生产和技术创新有效降低成本，提升钢结构住宅的功能品质、提高建设效率。

不断扩大绿色建材发展。通过近期试点示范和一定范围的推广，本阶段绿色建材产业形成规模和良好发展格局，应进一步在住宅新建及改造中扩大绿色建材应用，淘汰高能耗落后建筑材料，实现新建及改造住宅中绿色建材使用率达80%。

（2）深化高能效用能设备普及力度

针对长江流域供暖，前期阶段供暖中存在的问题与争议将基本得到解决。由于长江流域地区地域辽阔，地区间的气候条件、住宅建筑状况、经济发展水平、城镇建设水平等方面相差很大，不同的住宅冬季室内热环境需求以及居民生活习惯存在差异，供暖将呈现多样化特征。因此，对于长江流域地区住宅供暖，在中期应进一步精细化布局，分区对待。随着针对长江流域地区供暖问题研究的深入推进和不断的实践探索，分布式空调系统等区域性的供暖适用技术体系将实现大规模落地应用。

深化对住宅光热和光电技术结合研究和推广，切实加大对太阳能供暖制冷等技术的应用力度，利用光伏窗户、光伏阳台、光伏屋顶、光伏墙体的技术发展，进一步扩大住区太阳能利用面积，实现光电使用率达40%。在前期发展基础上，更加注重对太阳能利用的优化控制和与住区智能微电网的融合，加强对既有光热和光电设备的运行维护，完善住区能源生产和高效利用的技术体系。

进一步提升家用空调能效等级。中期阶段家用空调节能技术水平进一步提升，现有低能效空调产品需加快替换，实现低能效等级空调提升率达70%。现有定频空调需全面淘汰，取而代之以更节能高效的变频空调。通过标准要求提升，一方面刺激高能效等级空调产品的大规模应用，另一方面严格限制低能效等级空调的生产、销售和使用。加大对具有更高控制性能和舒适性能的空调产品的研发力度，提升空调智能化、人性化、低碳化水平，并进一步实现推广应用。

具有一级能效等级的家用电器普及率提升至60%。各类家用电器的能效标准应根据国内外先进能效水平不断更新，严格淘汰低能效用能设备。针对进入市场的新型用能设备应及时制定对应的强制性能效标准，并将其中用能较高的设备加入能效标识实施产品。例如，对于洗碗机和烘干机，应在2021年制定并执行洗碗机和烘干机的能效标准，洗碗机能源效率指数应达到67%、烘干机能源效率指数至少应达到53%；在2035年进行标准更新，节能洗碗机能源效率指数至少应达到49%，烘干机为23%。各用能设备能效逐步进行提升，中期阶段具有一级能效等级的家用电器普及率提升至60%。

同时，考虑到中国电力生产在远期阶段的脱碳水平，城镇住宅用能设备应以电力为主要能源，大幅度降低对于燃气等化石能源的消耗，城镇住宅用能设备进入到高阶电气化阶段，电器使用率提升 50%。

（3）推广建设住区高效低碳基础设施

扩大住区多元互补能源发电微电网技术应用规模。着力发展数字化综合能源供应系统，加强多元协同的能源技术研发，实现各种能源和资源的互联互通、高效利用。有机整合新能源发电与储能、用能平台，完善天然气、储能技术、热泵技术等多元能源联网优化配置技术体系，实现住区多元互补能源发电微电网应用规模在 50% 以上。

推广分类分级资源循环利用系统。一是实现分质循环智慧水务。在中期低碳社区建设过程中，实现新建及既有社区全部符合海绵社区和节水社区要求。对社区内雨水资源、中水资源、空调冷凝水资源等进行智慧循环利用。二是推广可追溯的垃圾分类回收。在前期垃圾分类和资源回收体系"两网融合"基础上，大量采用移动互联网、大数据、物联网、云计算等信息技术，进一步扩大垃圾分类宣传、垃圾分类投递、垃圾分类收集、垃圾分类本地处置等环节，对厨余垃圾、其他垃圾、可回收垃圾和有害垃圾等类别实施精细化管理（图 5.3-13）。

图 5.3-13　气力输送技术用于城市生活垃圾收运

推进社区基础设施效率提升。老龄化背景下的住宅空调节能需要突破住宅建筑单体的范畴，从传统的空调能效、墙体隔热、外窗遮阳等建筑措施拓展到社区整体规划层面。加强社区型公共服务中心建设，如社区活动中心、小型商业文化中心等，引导退休在家的老年人减少居家时间，降低分散式住宅空调能耗，利用公共服务中心等场所的集中供冷来提升住宅能源使用效率，实现社区层面能耗整体降低。

（4）深化住宅及社区智慧服务水平

推广智慧家居，实现精准控制。经过前期推广阶段政策引导和技术市场推动，城镇住宅用户分项用能的实时分析及高效管理基本实现。在中期阶段，伴随科技发展，设备系统产品及使用性能不断优化。通过相关服务反馈，影响用户设备使用方式，实现社区能源供应与用户使用之间的动态匹配，在满足用户个性化需求同时实现能源的高效利用。

随着智慧科技的大规模进步和应用，以智能家居为主要形式的智慧化控制手段将得到广泛应用。应通过完善智慧家居控制策略，充分利用智慧家居的高效控制能力，融合大数据分析与利用，实现智慧家居的低碳节能化运行。同时，以智慧家居的绿色低碳标准体系建设，引导家居设备在智慧化和低碳化方向同步进行，不应追求高度的使用舒适性而牺牲节能性能。

打造花园式无废社区。在已建成的垃圾分类和资源回收网络、分类分级资源回收利用系统等社会化的废弃物回收利用系统基础上，进一步推动公众参与，践行绿色生活方式，打造花园式无废社区。引导居民做到垃圾分类常态化，践行绿色消费，选择绿色出行，尽量购买耐用品，外出自带水杯、餐具等。引导居民共同努力，认同并严格执行垃圾分类规则，养成自觉意识。

深化行为节能，绿色家庭创建活动实现全覆盖。进一步在全国范围内加强住宅低碳节能宣传与行为普及，引导居民合理设定电气设备运行参数，增强节能意识。全面推广使用高效节能的电器、设备产品。主动践行绿色生活方式，节约用电用水，不浪费粮食，减少使用一次性塑料制品，尽量采用公共交通方式出行，实行生活垃圾减量分类，实现绿色家庭创建活动全覆盖。经过强化的节能宣传与绿色行为引导，城镇居民低碳节能意识本阶段普遍提高，重点任务转向完善城镇住宅绿色低碳文化建设上，在全社会推动形成绿色低碳的文化理念，辅以相关政策支撑，激发全民低碳发展的使命、动力。

推广智慧社区建设。充分借助互联网、物联网技术，发挥中期阶段5G及信息化基础设施优良等优势，构建社区发展的智慧环境。基于海量的数据信息和高智能算法、高能算力，发展智能住宅、个人健康与数字生活等内容，形成新的智慧社区生活、产业和管理形态。

在城镇住宅电力负荷侧管理技术发展基础上，对用户用电情况提供精细化管理服务,通过家庭用电分项能耗账单、服务提示等促进用户主动节能。促进城镇居民的节能行为与智慧控制与调节技术的发展深度结合,通过技术引导与节能行为的有效配合,实现优化用能、按需用能。

5.3.3 远期:持续扩大城镇住宅低碳提升改造,实现零碳及产能社区推广

远期优化阶段,我国城市化建设基本趋于完成,城镇人口逐步达峰,人民生活水平有了较大的提升,住宅用能设备也提升到更高的服务水平和用能效率。本阶段的重点任务应集中在促进近零能耗住宅的进一步发展,着力完善零能耗住宅技术应用体系,并努力推广零能耗住宅。同时,持续推进家居智慧化控制、强化低碳导向市场活力并进一步普及绿色生活方式,以充分利用社会、经济和技术发展成果,实现绿色低碳在城镇住宅的深层次发展,零碳社区覆盖率达90%以上。

(1)优化零能耗住宅技术应用

通过近期和中期阶段对被动式超低能耗和近零能耗建筑的技术、模式和机制研究和应用,到远期阶段,建筑被动式设计与运行已得到较为广泛的接受,相关商业模式逐步成熟,产业链逐渐形成,建筑建设成本降低至可以自发市场化推动的程度。此阶段重点是持续扩大近零能耗住宅的建设和改造规模,同步优化零能耗住宅技术应用,实现零能耗住宅规模化推广。在应用中对技术产品不断提升和优化,推进城镇住宅建筑在室内环境营造方面能效不断提升,实现城镇住宅与人和自然的和谐统一。

远期阶段,随着高性能碳汇水泥、碳吸收建筑构件等发展,围护结构减碳技术获得突破,应大范围推广采用碳汇材料作为建筑围护结构的基础材料,提升建筑碳汇性能。

(2)进一步推进高能效用电设备普及

在碳中和目标要求下,远期阶段,长江流域建筑实现按需供给的环境控制技术获得突破,分布式空调系统应实现全覆盖。在中期发展基础上,加强光热和光电型建筑构件覆盖范围,进一步强化新建和改造住宅的光电、光热一体化设计,住宅光热及光电使用率达80%以上。

应加强老旧、高消耗设备产品评估,在城镇住宅全面推广先进适用节能技术产品。针对能耗较高的设备产品,加强对技术研究的政策激励,完善标准约束,激发节能产品市场活力,推进产品能效升级。中期阶段的大部分二级及以下能效的家用电器将被持续淘汰,远期阶段通过立法及标准提升,对具有一级能效的空调及家用电器进行重点推动,达到普及率在85%以上。

（3）深化零碳及产能社区改造

远期阶段的特点是已经初步形成了较为完整的低碳标准技术体系和政策市场模式，工作重心由探索和试验逐步转移到复制和推广中，应总结城镇住宅绿色低碳发展经验，将制约项目开展和区域大面积推广的障碍因素进行重点挖掘，分析制约机制，总结低碳社区的发展和技术经验，提升可再生能源利用水平和建筑能效。其中，90%的社区其每年使用的能源总量大致等于在该地区创造的可再生能源的数量，即实现零碳社区建设，剩余10%的碳正排放社区将通过碳补偿手段在场地外进行弥补（如植树造林和投资绿色技术）。

在零碳社区建设基础上，依靠可再生能源及多元互补能源微电网系统，进一步在新建社区推广产能社区建设，并在既有住区实现产能社区改造，零碳社区与产能社区成为住区发展的普遍形态。

（4）提升住区公共设施精细化和人性化服务水平

在小区改造、建设过程中更加重视小区服务设施对居民行为节能的促进作用，以完善的室外服务设施降低室内设备使用需求。小区公共服务设施应具备全龄友好、健康有益、吸引力强等特点，在休闲娱乐、健身乘凉、信息交流、服务托管等方面具有明显优势。同时，应能综合居民需求偏好进行特定供给与引导，针对不同年龄、性别、职业等对设施的不同需求进行有效供给。

电力用户负荷侧管理技术将逐步成熟，城镇住宅用户用能分项数据得到掌握和管理，对于城镇住宅用户用能规律和特点形成分析结论和成果。依靠科技进步，推进智慧社区技术与规模不断发展，实现社区智慧与低碳深度融合。

6

农村住宅绿色低碳发展路径研究

农村住宅用能需求主要包括炊事、照明、供暖、纳凉、生活热水和家用电器等，目前主要用能类型包括电能、煤炭、薪柴、太阳能等。通过制定农村住宅绿色低碳发展路径，引导绿色农房、零碳农房、产能农房建设，优化农村建造技术，合理规划村镇能源基础设施，推广清洁能源利用，探索适宜的管理方法和技术手段，最终实现农村住宅的绿色低碳发展。

6.1　农村住宅用能现状及特性

6.1.1　农村住宅用能现状

（1）农村住宅用能概况

2001～2018年，随着全面建成小康社会的推进，以及脱贫攻坚工作的大力开展，农村地区生活水平得以大幅提高，商品能耗总量和能耗强度均呈现逐年上升的态势，电力逐渐成为农村家庭的主要用能，在农村人口和户数缓慢减少的情况下，近年来商品能耗总量增加缓慢，逐渐趋于稳定，如图6.1-1所示。调研显示[86] 2018年我国农村住宅面积为229亿 m^2，人口为1.48亿户，用电量为2623亿 kWh，商品能耗总量为2.16亿 tce，占全国建筑总能耗的22%；碳排放总量为4.8亿 t CO_2，较2017年的6亿 t CO_2减少25%，占建筑运行相关碳排放总量的23%；单位面积碳排放强度为21kg CO_2/m^2，比城镇住宅单位建筑面积的碳排放强度高出近20%，但较2017年的26kg CO_2/m^2降低了23.8%。

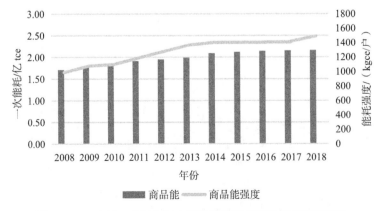

图 6.1-1　2008～2018年农村地区商品能耗总量和强度变化

　　从用能结构上来看，目前我国农村能源消费以低品质能源为主，煤炭在农村能源消费中还是占据主要地位，农村用能商品化程度明显低于城市。在生物质能应用中，直接焚烧秸秆、薪柴等情况仍占据大多数，在用能效率低的情况下带来了大量的环境污染。从我国各个地区来看，国家统计局所发布的《第三次全国农业普查数据公报（2017）》数据显示，炊事取暖的能源结构中，电能占比 58.6%，煤气、天然气、液化石油气占比 49.3%，太阳能占比 0.2%，其他能源占比 0.5%。

　　我国农村拥有丰富的太阳能、风能、生物质能等可再生能源，根据《中国农村能源发展报告（2017）》，2016 年我国农村可再生能源利用量为 1.75 亿 tce，达到农村总能源消费的 26.3%。可再生能源中主要能源占比如图 6.1-2 所示，可以看出，目前主要以太阳能与生物质能为主，但生物质能的应用形式主要还是传统的秸秆和薪柴，太阳能与沼气利用量还是较少。随着清洁能源的推广，农村用能结构也在发生变化，清洁能源占比从 2012 年的 13.2% 提升到 2018 年的 21.8%。

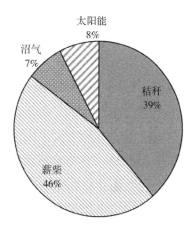

图 6.1-2　2016 年我国农村可再生能源利用现状

　　2020 年，国家能源局表示，目前电磁炉、电饭锅已成为主要炊事工具，电冰箱、洗衣机利用率大幅提升，空调保有量是 2012 年的 2 倍以上，电气化率达到 18% 左右，平均停电时间降低到 15h，综合电压合格率提升到 99.7%，户均配电容量提高到 2.7kV·A，农村用电条件大幅提升。

　　（2）农村住宅节能减排发展现状

　　我国农村地区建筑节能工作开展相对较晚，2010 年，住房和城乡建设部印发了《村镇宜居型住宅技术推广目录》，包含一系列农村规划设计、装配式、围护结构、可再生能源利用、门窗及保温材料相关的住宅建筑节能技术。2012 年，住房和城乡建设部印发《"十二五"建筑节能专项规划》（建科〔2012〕72 号），探索推进农村建筑节能，支持各地结合社会主义新农村建设一批节能农房，支持 40 万农户结合农村危房改造开展建筑节能示范。2017 年，住房和城乡建设部印发《建筑节能与绿色建筑发展"十三五"规划》（建科〔2017〕53 号），再次将积极推进农村建筑节能列入主要任务，进一步推进农村能源结构调整，引导绿色农房建设。在此期间，先后发布了《农村居住建筑节能设计标准》GB/T 50824—2013 和《绿色农房建设导则》，明确了农村住宅建筑节能相关要求，提出布局设计、围护结构、供暖通风系统、照明和可再生能源利用等技术措施。

目前，我国农村建筑节能技术推广工作主要包括农村住宅围护结构保温技术和清洁能源利用技术。北方地区要求围护结构有较好的保温性能，由于农村住宅冬季取暖的特点是"部分空间、部分时间"，对室温要求低于城市居民，且一般为非连续供暖模式，因此，围护结构采用外墙内保温模式更具优势。南方地区由于夏季炎热潮湿，冬季基本无供暖需求，围护结构主要需要具备被动式的隔热性能 [87]。2017 年，我国开展北方地区冬季清洁取暖试点工作时，将农村地区清洁取暖列入重要任务之一。"煤改气"是河北、山西、山东等地农村清洁取暖改造的主要方式，占比在 70% 以上，投资主要由省、市、县级政府承担，而燃气管网铺设及运行管理费用一般由燃气公司承担。"煤改电"主要有"煤改电热"和"煤改热泵"两种形式，其中"煤改电热"是目前农村地区采用较多的一种方式。截至 2019 年，京津冀及周边"2+26"个城市的清洁取暖率达到 72%，北方地区总体达到 50.7%，比 2016 年提高 12.5%。虽然我国不断推进农村清洁能源利用工作，但由于清洁能源利用方式和设备投入等问题，仍出现一些清洁能源"弃用"现象，农村清洁能源利用技术仍需要进一步的研究应用。

6.1.2 农村住宅用能特性

因受地区之间人口和经济发展水平的制约，我国农村能源消费在数量、品种和质量上各不相同。农村住宅用能呈现如下趋势：

（1）农村住宅用能强度保持增长趋势

随着农村经济发展，村民居住条件显著改善，对居住舒适度需求提高，家电拥有量持续增长，拥有种类不断丰富，农村生活用能呈现了从非商品能源向商品能源转变的趋势。2017 年之前，我国农村住宅建筑用能强度呈上升态势，2017 年单位面积能耗为 10.20kgce/m²，是 2000 年的 2.9 倍，年均增长 6.47%[88]，如图 6.1-3 所示。农村建筑节能工作滞后，村民节能意识不够，这使得农村住宅用能强度保持增长趋势。

（2）农村用能向多样化转变

从能源消费结构来看，煤及其制品能耗量逐年增加，到 2017 年达到峰值，在商品能耗中占比从 2010 年呈现逐年下降的趋势，下降了 0.19 个百分点。在开展农村地区"煤改电"之前，农村主要使用煤炭、薪柴等进行炊事和取暖，

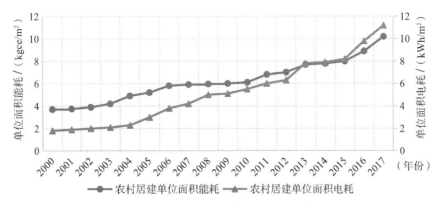

图 6.1-3　2000～2017 年农村住宅建筑用能强度变化趋势

煤炭等化石能源应用占比较高。近年来，我国全面建成小康社会和脱贫攻坚战取得了瞩目的成绩，农村收入水平不断提高，农村家电数量增多和使用率提升，这都导致农村户均电耗呈快速增长趋势。此外，随着北方地区"煤改电"工作的开展和推进，北方地区冬季供暖用电量和用电尖峰也出现了显著增长。电力消费量占比逐渐提高，从 2012 年开始上升为第一位，到 2018 年达到 1.40 亿 tce，约占商品能耗总量的 63.3%，占比提高了 12.6%。农村商品能耗各分项占比如图 6.1-4 所示[89]。随着散煤和其他商品能源的应用，生物质能的应用比例呈下降趋势，如图 6.1-5 所示[90]。

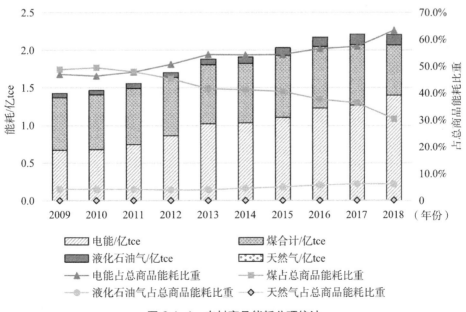

图 6.1-4　农村商品能耗分项统计

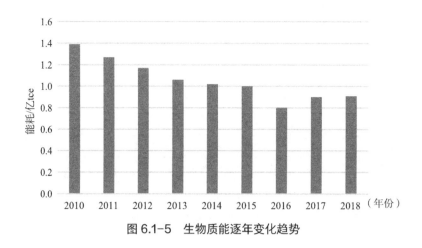

图 6.1-5　生物质能逐年变化趋势

6.2　用能影响因素及发展目标

6.2.1　影响因素分析

在农村住宅用能需求方面，农村住宅用能与城镇住宅相似，都是满足居民日常生活的炊事、供暖空调、照明、生活热水及其他家用电器使用需求产生的用能。但是由于农村居住相对分散，基础设施建设薄弱、经济发展较差等原因，农村住宅的用能又具备很多特点。首先用能结构方面，由于居住分散，基础设施建设薄弱，农村商品用能供应系统相对不发达，具备较多的薪柴、秸秆等生物质资源。在建筑特性方面，农村住宅一般体形系数偏大，保温性能较差。在家电、炊事、热水等使用需求方面，各地农村根据传统习惯和气候差异不同，往往有着较大的差异。以下从用能结构、建造特征、用能设备性能、个体用能习惯等方面分析农村住宅用能的主要影响因素。

（1）农村用能结构

截至 2018 年供暖季结束，北方清洁取暖工作成效显著，总体清洁取暖率超过 50%，比 2016 年提升 14.6%，替代散烧煤约 1×10^8 t，其中农村地区清洁取暖率达到 24%，超额完成了《北方地区冬季清洁取暖规划（2017—2021 年）》规定的散煤消减 0.74×10^8 t 的中期目标[91]。从碳排放总量来看，2017 年达到峰值，约为 6.00 亿 t CO_2，随后开始下降，清洁取暖工作取得初步进展。农村生活用能的 $PM_{2.5}$、NO_x 和 SO_2 的污染排放总量与清洁取暖实施之前相比，分别减排了 25.3%、24.4% 和 23.5%；按照国家整体规划，随着北方清洁取暖工作的进一步推进，到 2021 年这三项减排比例将分别达到 72.8%、30.5% 和 76.2%。因此，用能结构的清洁度提高可以有效促进农村住宅绿色低碳发展（图 6.2-1，图 6.2-2）。

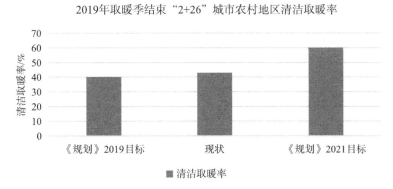

图 6.2-1　2019 年取暖季结束"2+26"城市农村地区清洁取暖率

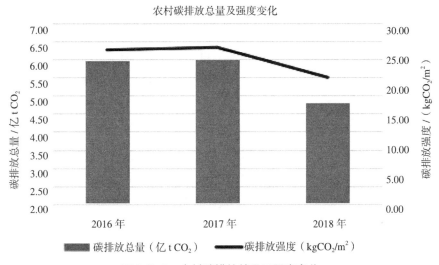

图 6.2-2　农村碳排放总量及强度变化

（2）建筑特征

根据《第三次全国农业普查数据公报（2017）》，全国各地区的农村住宅围护结构如图 6.2-3 所示，可以看出主要以砖混、钢筋混凝土、砖（石）木为主。从全国范围内来看，砖混结构覆盖范围最广，其次是钢筋混凝土和砖（石）木；从各地区来看，砖（石）木结构在东北地区中占比达 40%，竹草土坯在西部地区中占比最大达到 30%，东部地区的钢筋混凝土是全国比例最多，接近 15%，不同围护结构在各地区的覆盖范围与地区的经济发展是紧密相关的。

我国农村住宅多为村民"自建房"，一般无标准可依，设计、施工水平较低，在墙体、门窗、屋顶等方面几乎都不做任何的保温措施。文献 [92] 对比了屋顶、

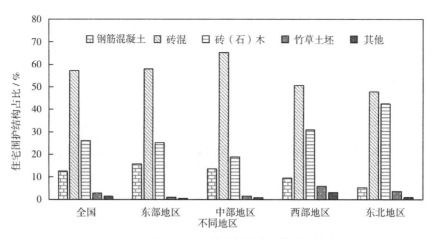

图 6.2-3　我国不同区域农村住宅围护结构构成

外墙、门窗增加保温措施前后的传热系数，增加保温后传热系数显著下降，保温效果有所提升，屋顶、门窗、外墙全部做保温措施后能耗只有无保温措施的31.9%，只对外墙和门窗进行保温措施时能耗是无保温措施时的61.9%。因此，提升农村住宅围护结构保温性能是降低住宅能耗的重要技术措施。

（3）用能设备性能

在照明设备上，农村目前主要使用的有白炽灯、荧光灯、节能灯三种。白炽灯作为能耗最高的照明设备逐渐被取代，但在一些偏远经济落后地区仍有应用。

在家电设备方面，根据《第三次全国农业普查数据公报（2017）》统计，平均每百户拥有淋浴热水器57.2台，电冰箱85.9台，彩色电视机115.2台，电脑32.2台，手机244.3部，见表6.2-1。虽然数量增多，但是多数家庭在选择家电时未考虑其节能因素，大部分仅是为了满足最基本的生活需要。随着我国各地区"家电下乡"等政策的影响、农村经济的发展，农村家庭的设备能耗还会增加，历年家电拥有量如图6.2-4所示。农村住宅在设备能耗方面有很大的节能潜力。

主要家电拥有量　　　　　　　　　　　　　　　　表 6.2-1

	单位	全国	东部	中部	西部	东北
淋浴热水器	台/百户	57.2	77.2	59.4	42.5	10.3
空调	台/百户	52.8	86.8	58.5	20.5	2.2
电冰箱	台/百户	85.9	94.9	87.1	75.1	86.2
彩色电视机	台/百户	115.2	128.6	115.3	102.6	106.6
电脑	台/百户	32.2	50.3	31.1	15.9	23.5
手机	部/百户	244.3	247.9	247.4	243.1	214

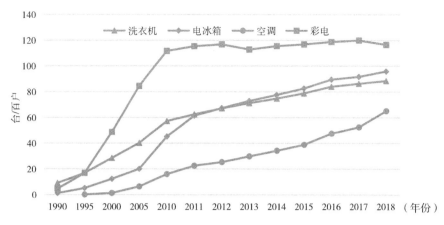

图 6.2-4　我国农村家庭历年家电拥有量

数据来自《中国统计年鉴 2013～2019》

在供暖空调设备方面，截至 2016 年末，平均每百户拥有空调 52.8 台，考虑到初投资的问题与农村居民生活消费习惯，绝大多数空调能效等级在 3～5 级之间，而根据计算空调能效等级 1 级要比 5 级省电 23.5%。随着农村经济发展和居民对舒适度要求的提高，热泵、电暖气、燃气锅炉等取暖设备逐渐被农村居民使用。以北京为例，2017 年"煤改空气源热泵"达到 30 万余台，比 2015 年翻了一番，空气源热泵成为"煤改电"市场上的主要产品。随着供暖空调设备应用比例提高，供暖空调设备的能效高低对建筑设备能耗影响较大。

（4）个体用能习惯

农村与城镇居民家庭能源消费模式存在很大差异。研究发现[93]，家庭规模、经济收入水平、农户受教育水平、生活习惯对能源应用有很大影响。在经济欠发达地区，家庭规模与秸秆、草炭、沼气等一次能源的消费量呈正相关，液化气、水电和太阳能受家庭规模影响效果不明显；经济收入水平越高，能源消费越倾向二次能源；家庭户主受教育水平越高越优先接受清洁能源；农村居民对于生活舒适度的忍受度要高一些，只有 11% 的农村居民表示不愿意降低生活舒适度来减少能源的使用，而有 47% 的居民表示可能会降低生活舒适度来减少能源的使用。从节能意识来看，农村居民的节能产品的了解和行为节能的认知都有待进一步提高[94]。

根据《中国农业年鉴（2017）》，我国农村家庭户主受教育水平如图 6.2-5 所示，29.8% 的农村家庭户主受教育水平为小学，54.70% 的户主受教育水平为初中，接受过大学教育的户主只有 1.5%，可以看到我国农村家庭的受教育水平还处于比较低的阶段，这也是构成清洁能源推广难的一个因素。

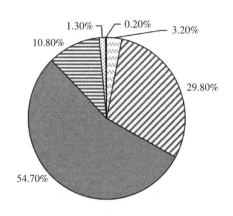

1.30%　0.20%　3.20%
10.80%
29.80%
54.70%

☑未上过学 ☑小学程度 ▨初中程度 ▤高中程度 ☐大学专科程度 ▨大学本科及以上

图 6.2-5　我国农村家庭户主受教育水平

随着我国城市化进程的进展与基础教育水平的提升，农村居民节能意识也在不断提高，本团队对 348 户村民进行调研，根据问卷调研结果显示，51% 的调查对象愿意为使用新型能源（沼气、太阳能）而多花些投资，35% 则表示视情况而定，只有 14% 的人表示不愿意在新能源上多投入。在表示愿意或视情况而定的人中，39% 愿意在新能源使用上多花费 1000～2000 元，27% 的人愿意多花费 1000 元以下，24% 的人愿意花费 2000～3000 元。村镇居民新能源的接受度也是农村能源发展中的重要因素（图 6.2-6、图 6.2-7）。

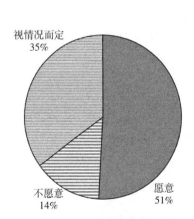

视情况而定
35%

不愿意
14%

愿意
51%

图 6.2-6　是否愿意增加投资来使用新能源

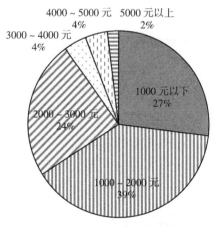

4000～5000 元　5000 元以上
4%　　　　2%
3000～4000 元
4%
1000 元以下
27%
2000～3000 元
24%
1000～2000 元
39%

图 6.2-7　可以接受的增加投资额

6.2.2　阶段发展目标及实现

根据总目标规划，农村住宅分项，建筑运行能耗和碳排放整体呈下降的趋势。在 2060 年之前能源消耗总量逐步降低到 2.61 亿 tce 以内，碳排放量降低至1.36亿t CO_2左右。对我国农村住宅建筑用能分项发展路线目标规划如图6.2-8所示。

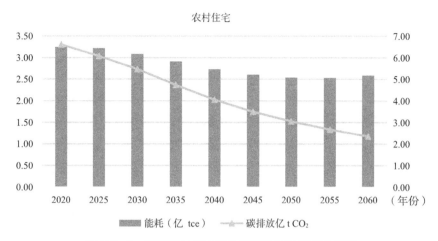

图6.2-8　我国农村住宅绿色低碳发展目标路线规划

在2025年之前控制能源消耗总量缓慢上升至3.29亿tce左右，碳排放量降低至5.11亿t CO_2。2021~2025年（近期），我国人口缓慢增加，农村人口降低，对应的农村住宅面积也呈现近期快速减少的趋势。

在2035年之前能源消耗总量逐步降低到3.14亿tce左右，碳排放量降低至4.22亿t CO_2。2026~2035年（中期），我国人口在2030年前后达到峰值，约为14.54亿人，随后人口将出现较快的下降，且随着农村地区清洁采暖率的进一步提高，可有效促进农村绿色低碳发展。

在2060年之前需要控制能源消耗总量逐步降低到2.61亿tce以内，碳排放量降低至1.36亿t CO_2。2036~2060年（远期），我国对应的农村住宅面积进一步降低。

6.3　技术实施路径

中国不同地域特色鲜明，农村住宅形式多样。随着经济水平的提升，以及农村建筑节能工作的开展，农村住宅在建筑形式、材料选择、设备拥有率、设备能效等方面都有明显的提升。常见的农村住宅以户为单位，多为1~3层，优先考虑日照、通风、防潮。农村住宅的聚集形式与所处地理位置高强度相关，在平原地区比较集中，在山区丘陵地带则相对分散。农村住宅的建设主要是基于当地生活的需求，地方特色明显。

结合中国农村住宅用能情况、建筑碳排放现状以及借鉴国外绿色低碳发展政策和措施，农村住宅建设绿色低碳发展的技术实施路径如表 6.3-1 所示，具体包括本土化建筑技术、清洁能源应用、低碳生活方式。在近期阶段（2021～2025年），重点任务是电气化率达到 25%，装配式农房初步发展，节能农村住宅建设比例达到 10%，清洁能源应用比例达到 40%。在中期阶段（2026～2035年），重点任务是装配式农房规模化发展，节能农村住宅建设比例达到 100%，清洁能源应用比例达到 80%，形成区域绿色农房技术体系，近零能耗农房面积达到 120 万 m^2。在远期阶段（2036～2060年），重点任务是推广零碳农宅、推广产能农房、优化农村建造技术、全面实现清洁供暖。具体实施过程中，通过不同类型的能源利用技术研究、推广、优化普及，最终实现农村住宅的绿色低碳发展。

农村住宅绿色低碳发展技术路线图   表 6.3-1

	2021～2025 年近期阶段	2026～2035 年中期阶段	2036～2060 年远期阶段
重点任务	·节能农村住宅建设比例达到 10% ·清洁能源应用比例达到 40% ·电气化率达到 25% ·装配式农房初步发展	·节能农村住宅建设比例达到100% ·清洁能源应用比例达到80% ·形成区域绿色农房技术体系 ·装配式农房规模化发展 ·近零能耗农房面积达到 120 万 m^2	·推广零碳农宅 ·推广产能农房 ·优化农村建造技术 ·全面实现清洁供暖
本土化建筑技术	➤推广稻草板、稻草砖、被动蒸发围护结构等地域材料的资源化利用 ➤推广农房围护结构节能改造技术，围护结构性能提升 2% ➤推广超低能耗、近零能耗技术在新建农房的应用 ➤推广被动式阳光房在北方地区的应用	➤推广农村住宅门窗、屋顶节能技术 ➤推广被动式储热墙体技术 ➤推广农村装配式农房技术 ➤探索零碳农宅、产能农房的建设方式	➤优化绿色农房技术，新建农房全部实现绿色农房 ➤大力推广零碳农宅、产能农宅建设 ➤优化农房关键设备部品选择
清洁能源应用	➤形成村、镇基本生物质原料收集方式 ➤全面推广秸秆成型颗粒技术 ➤大规模推广低温空气源热泵 ➤试点光伏光热一体化技术的应用 ➤开展农村微电网技术示范 ➤推广农村沼气炊事技术	➤大规模推广太阳能取暖、蓄能技术 ➤大规模推广分布式光伏与光热一体化技术 ➤推广生物质集中式生产和应用技术 ➤推广沼气联供提升技术 ➤推广风光储微电网系统	➤推广中心村镇生物质为主的热电联供系统 ➤推广农村智能微能源网技术 ➤推广可再生能源多能互补利用技术 ➤推广农村沼气综合利用技术

续表

	2021～2025 年近期阶段	2026～2035 年中期阶段	2036～2060 年远期阶段
低碳生活方式	➢农村地区推广以散煤治理、清洁煤替代等方式的无煤生活 ➢推广农村垃圾分类收集 ➢推广智慧乡村示范建设 ➢推广农村节水生活方式 ➢推进农村厕所改造	➢全面实现农村垃圾分类收集 ➢实现美丽乡村信息数字化 ➢形成智慧乡村服务平台	➢实现农村垃圾资源回收再利用 ➢全面建设智慧乡村 ➢打造"农村＋农业"低碳生活休闲区

6.3.1 近期：提高农村电气化水平和清洁能源应用比例，推广绿色农房建设

开展农房围护结构节能改造，促进本土化建筑技术应用，建设新型农房建筑示范项目，引领超低能耗、近零能耗技术在新建农房中应用。持续推动农村电网改造升级，大力提升农村生活电气化水平。推广生物质颗粒、低温空气源热泵、太阳能热水、光伏发电等技术应用，开展农村微电网技术示范，提高生物质能、太阳能等资源利用率。推广以散煤治理、清洁煤替代等方式的无煤生活，推广农村垃圾分类收集，推进厕所改造，建立智慧乡村示范点，引导农村居民低碳生活方式。在近期（2021～2025 年）初步完成农村电气化率达到 25%、节能农村住宅建设比例达到 10%、清洁能源应用比例达到 40% 的目标。

（1）提升建筑围护结构性能，示范引导新型农房建设

1）提升农村住宅围护结构热工性能

与城镇住宅一样，围护结构性能提升是农村住宅节能发展的重要组成部分。屋顶、外墙和外门窗对建筑的热工性能起着决定性的作用，性能提升可以有效降低农宅供暖、空调需求。由于我国农村量大面广，应因地制宜研究适宜农村住宅的低成本建筑节能技术。结合农村危房改造稳步推进农房节能改造，加设屋顶保温层、增加墙体的厚度、设置门帘等是传统增强保温性能的措施。

健全完善农村住宅建设标准体系，一是推动《农村居住建筑节能设计标准》GB/T 50824—2013 和《绿色农房建设导则（试行）》的实施和修订，以绿色节能为导向，鼓励严寒和寒冷地区具备条件的农户采用更高节能标准进行农村住宅建设，充分利用当地资源，采用阳光房等被动式节能设计，开展被动式超低能耗建筑试点，引领农村住宅向更高节能标准发展。新建农宅应注重建筑保温，优先选择当地适用的保温材料，如铺设泡沫塑料板或挤塑聚苯板等保温材料，做好门窗框与墙体缝隙气密性，选用中空玻璃或热反射玻璃等节能外窗（图6.3-1、图 6.3-2）。

图 6.3-1　屋顶加设保温层

图 6.3-2　外围护墙体加设保温层

2）示范引领新型农宅发展

绿色农房是指安全实用、节能减废、经济美观、健康舒适的新型农村住宅。以满足当地村民对房屋的生产、生活等各项需求为前提，注重农房围护结构节能技术、被动式阳光房等技术应用，与村镇地区的建设水平和建设能力相适应。积极开展节能技术下乡、绿色建材下乡活动，京津冀、长三角、珠三角等重点区域农村新建、改建和扩建的居住建筑优先按照绿色农房的要求进行建设，鼓励其他地区按照上述标准建设，通过示范引领、区域带动，到 2025 年实现节能农村住宅占新建农房比例不低于 10%。

装配式农宅契合我国环境发展趋势，可以有效提升农宅综合效益，装配式农宅是绿色农房的重要发展方向。充分考虑农村住房需求，契合农村居民生活习惯、乡村风貌，编制适用的装配式农宅图集，培育一批建筑企业和技术队伍。积极推广钢结构装配式农房等新型建造方式，依托河北、浙江、山东、四川、湖南、江西、河南、青海八个省份的"钢结构装配式住宅"建设试点，在农村住房建设试点、危房改造、抗震改造、异地扶贫搬迁安置等试点工程中大力推广装配式轻钢结构农房，推广 CL 建筑体系、EPS 模块、装配式住宅等新型结构体系，引导广大农村居民自建住房采用轻型钢框架结构、低层冷弯薄壁型钢结构等形式建设，建成一批宜居型示范农房。

"CL 建筑体系"（Composite Light-weight）是一种由复合式外墙板、复合式承重墙板、复合式楼板（或普通楼板）、轻骨料混凝土内隔板组成的全新结构体系。它是集建筑结构与保温功能于一体的新型复合钢筋混凝土剪力墙结构体系，综合技术达到国际先进水平。"CL 建筑体系"具有保温、抗震、环保及施工周期短、技术成熟先进、造价低等众多优点，是目前替代砖混结构的最佳体系，适用于城镇多种形式的住宅建设。

相关部门适时总结推广钢结构装配式等新型农房试点建设经验，广泛开展装配式新型农房宣传，不断扩大装配式钢结构农房建设试点范围。通过建立一批钢结构装配式低层绿色农房、轻型钢结构体系绿色农房示范项目，带动装配式绿色农房发展。

典型案例[95]

国瑞建设钢结构装配式住宅美丽乡村样板工程位于安徽省合肥市长丰县义井乡徐巷村、车王村、朱巷镇东许村，建筑面积10300m²，户型丰富多样，单体建筑面积从100～150m²不等（图6.3-3）。

图6.3-3 国瑞钢结构装配式住宅美丽乡村样板工程

项目由3种建筑单体方案组合，共10栋27户近3000m²，全部为一层建筑。朱巷镇东许美丽乡村建设项目由2种建筑单体方案组合，建筑面积分别为120m²和100m²，共5栋23户二层联排独院，建筑总面积近3000m²。义井乡车村美丽乡村建设项目，共11栋40户二层联排独院，建筑面积4300m²。

主体承重结构采用冷弯薄壁型钢结构，独创高强螺栓连接，使构件安装方便快捷，而且安装完成后易于几何校正和偏差修正，还能强化结构的安全和抗震性能，延长结构的使用寿命。自主研发的多功能复合墙板、楼层板、屋面板作为围护和保温体系，于工厂预制生产，现场整体安装，大大减少建筑施工能源消耗和施工垃圾。围护墙板间用螺栓等连接件连接，使整个围护体系基本力学性能得以保证。配套室内上下水，彻底改变了农村将卫生间置于室外的住宅传统，使农村房屋在功能和结构上实现了根本的改变。

（2）推广清洁能源应用

供暖和炊事用煤仍是很多农村地区的主要用能形式，这带来了较为严重的环境污染，因此通过合理的技术手段替代散煤，是亟须解决的重要问题。农村具有相对充足的空间、足够的屋顶面积、充足的生物质资源、充分消纳生物质能源生成物的条件。因此加快构建农村清洁能源体系是近期（2021～2025年）的重要任务。

1）制定农村清洁能源发展规划

目前农村地区能源应用缺乏顶层设计，部门之间不协调，没有形成成熟并且可复制的推广技术路线。因此需要加快制定农村清洁能源规划，健全设备技术标准，既做好顶层设计，又符合农村实际，分步稳定推进清洁能源发展，避免"一刀切"现象。到2025年，农村清洁能源应用比例将达到40%。

2）推进生物质资源利用技术发展和利用

农村生物质资源丰富，据相关统计，我国每年生物质能源蕴藏量可折合5亿tce，仅农作物秸秆就折合1.5亿tce；我国可种植能源植物的土地有1亿hm²，折合成乙醇和生物柴油燃料约5000万t[96]。因此，发展基于生物质能源等可再生能源的农村建筑能源系统，再用电力、燃气等清洁商品能作为补充，是摆脱依靠燃煤的重要途径。借鉴河南省商河县、鹤壁市清洁取暖经验，"可再生能源优先、不可再生能源作为补充、高效使用高品位电"＋节能改造的清洁取暖模式，充分挖掘生物质能资源，进一步加快处置废旧沼气设施，探索沼渣沼液高质利用形式，建立农村生物质成型颗粒加工体系，开发适用的秸秆成型燃料户用炉具、高效的秸秆直燃锅炉等，按照就近利用原则构建秸秆收集、运输、加工、收储等完整产业链条，形成"公司＋合作社＋农户"三级运营体系。

3）推动清洁能源技术应用，建设一批示范项目

以试点示范为先导，在适宜地区推广低温空气源热泵、光伏光热一体化技术、农村微电网等技术应用，探索适合农村能源的技术路线和发展模式。推进燃气下乡，支持建设安全可靠的乡村储气罐站和微管网供气系统。建立农村清洁能源运营管理体系，强化系统配套和集成，避免"重建轻管"，做好技术咨询服务。通过被动式节能技术和可再生能源利用，真正实现建筑与自然和谐互融的低碳化发展模式。

（3）引导农村居民低碳生活方式

居民作为农村住宅的使用主体，其生活方式对建筑能耗和碳排放起着重要作用，引导绿色低碳生活方式和提升农村居民的节能意识至关重要。

✏️ **典型案例** [97]

　　由杭州市农村能源办委托富阳市供电局、浙江合大太阳能科技公司承建的"中国首例成片农村民居屋顶分布光伏并网发电系统"示范工程投入试运行（图6.3-4）。

图6.3-4　中国首例成片农村民居屋顶分布光伏并网发电系统示范工程

　　该光伏陶瓷瓦系统设计寿命为25年，每片光伏陶瓷瓦的发电功率约为每小时16W，50m² 的屋顶光伏陶瓷瓦一年可以产生4200多度电，足够普通家庭一年的用电量。按照0.6元一度电的价格算，可以节约电费7000多元。

　　1）提升农村居民节能减排意识

　　加强节能减排和绿色环保等理念普及，对洁净型煤炭使用进行宣传和培训，提倡以散煤治理、清洁煤替代等方式的无煤生活，提高广大农民对烟煤危害性的认知，加快高效节能炉具推广应用。推进农村节水生活方式，按照集镇、中心村建污水处理厂、集中居民点建小型污水处理设施和单户或联户式农村生活污水治理等办法，统筹开展农村生活污水处理。开展农村垃圾分类宣传教育，减少垃圾量处理，有效降低废物的运输及处理费用，降低整个管理的费用和处理处置成本（图6.3-5）。

　　2）开展智慧乡村示范建设

　　充分考虑乡村特点和农村居民生活需求，将"智慧"与绿色低碳发展相结合，实现数字化、网络化、智能化"三化"融合，推进智慧乡村建设。进一步加大政府资金投入，引入社会资本，吸引社会力量广泛参与，组织居民参与项目建设和管理，完善提升农村信息化基础设施，积极支持智慧乡村建设。借鉴上海

图 6.3-5　农村民居生活垃圾分类收集点

市智慧村庄试点、广州智慧乡村综合信息平台、山东移动"智慧乡村"等项目经验，选择一批具有条件和积极性的不同类型村庄，分期分批开展智慧村庄试点示范工作，通过试点引领智慧乡村快速发展。

6.3.2　中期：试点探索零碳农宅和产能农房，进一步提升清洁能源利用比例

随着新型农房建造试点示范项目的开展，中期阶段将进一步推广绿色农房建设，该阶段节能农村住宅占新建农宅比例达到100%，探索近零能耗农房、零碳农宅、产能农宅等新型农宅；随着生物质能技术、节能设备、节能意识的宣传和引导，农村具备使用节能设备的经济条件和思想意识，规模化推广太阳能取暖蓄能技术、分布式光伏与光热一体化技术、生物质集中式生产和应用技术等，实现清洁能源应用比例达到80%。

（1）全面推广新型农村住宅建造技术

1）全面提升农村住宅节能性能

规模化推广被动式太阳能农房，吸收太阳热能，起到保暖效果；推广被动式储热墙体技术，在建筑物围护结构中引入相变潜热储能单元能够增强建筑物的储热能力，利用节能环保材料对太阳热能进行蓄存，有利于能源的转化。研发低成本装配式居住模块，进一步增强建筑气密性，通过综合技术策略实现最小能源需求，结合可再生能源利用方式，推广近零能耗农宅。

2）试点推广零碳农房和产能农房

"零碳"模式是引导我国解决农村能源问题,实现农村能源革命的根本路径。

参考"零碳建筑"的定义，将"零碳农宅"定义为在不消耗煤炭、石油、电力等能源的情况下，全部由可再生能源提供能源的农村住宅。"零碳农宅"除了强调建筑围护结构被动式节能设计外，将建筑能源需求转向太阳能、风能、浅层地热能、生物质能等可再生能源，为人类、建筑与环境和谐共生寻找到最佳的解决方案。结合当地的用能习惯、用能规模、资源禀赋，加强各项节能低碳技术的有机规划耦合，在京津冀、长三角和珠三角等先进农村地区，引导建设"零碳农房"。通过开展优惠融资与贷款、"农村能源合作社"等多种模式，开展"每人 10kW"光伏示范村建设与"零碳村镇"试点，为各地农村能源发展路径提供多项选择。

"产能型建筑"，是指利用建筑物附近资源产生的能量超过其自身运行所需要能量的建筑，是在建筑低碳节能标准不断提高的社会大背景下产生的。基于此，本书提出了"产能型农宅"，试点探索将多种主动式可再生能源系统进行整合，实现农村住宅自身产的能量多于使用能量。

✏️ **典型案例**

"零舍"项目共地上一层，建筑面积 402.34m²，建筑高度 6.748m，室内分阳光房、办公、会议、居住等功能区，保留了原始两进院落的布局，用太阳房、楼梯间等作为联系空间，同时又作为气候缓冲空间，项目是在原有农宅建筑基础上改造并局部加建而成（图 6.3-6）。

图 6.3-6 被动式阳光房

零舍项目为单层乡居改造项目，通过本体节能、能源开发、新型设备的综合利用，实现了建筑的近零能耗，木结构部分（应用于门厅和会议功能部分）：外墙采用 240mm

挤塑聚苯板，屋面采用 350mm 挤塑聚苯板，地面采用 250mm 挤塑聚苯板。装配式部分（应用于居室部分）：钢板之间采用 160mm 厚岩棉，模块外贴 250mm 厚挤塑聚苯板，屋面部分设 300mm 厚挤塑聚苯板。

本案例为单层乡居改造项目，原建筑体形系数较大，对节能不利，通过性能优化，在原建筑基础上增设被动式阳光房、楼梯间等过渡联系空间，从而降低建筑的体形系数，控制建筑体形系数为 0.5，在入户处设置被动式阳光房，全明结构保证了阳光的充分射入，即使在室外温度为 0℃时，阳光房室内也可达到 20℃左右。

（2）进一步提高清洁能源应用比例

通过"中长期农村能源专项规划"，积极推广沼气联供提升技术、风光储微电网系统、太阳能取暖、蓄能技术、生物质集中式生产和应用技术、分布式光伏与光热一体化技术等，使得清洁能源应用比例达到 80% 以上。清洁能源在农村的推广不仅能够解决农村能源问题，还有利于农村环境乃至整个生态环境的改善，是美丽乡村建设的可持续发展之路，也是带动农村经济可持续发展的重要路径（图 6.3-7）。

（a）屋顶光伏　　（b）光热技术　　（c）沼气利用　　（d）生物质秸秆成型

图 6.3-7　可再生能源利用技术

（3）加强美丽乡村和智慧乡村建设

该阶段初步形成智慧乡村服务平台，实现美丽乡村信息数字化，全面实现农村垃圾分类收集。针对乡村面临的信息化水平相对落后的特点，通过互联网、物联网等信息技术，搭建智慧乡村物联网大数据平台，结合乡村实际遇到问题，推进现代公共服务向农村下沉，协同推进医疗、教育、生态环保、交通运输、快递物流等各领域信息化，提供"互联网 +"涉农便民服务。智慧乡村服务平台离不开强有力的乡村信息数据，该阶段要实现美丽乡村的信息数字化，探索乡村数字经济新业态、乡村数字治理新模式和数字乡村可持续发展机制。

实现农村生活垃圾智慧化治理，充分利用垃圾分类智能监管平台，实现垃圾源头分类、保洁收运和分类处理全程智慧化管理。实行"一桶一码""一户一码"

垃圾溯源，完成全国行政村全覆盖。实现远程"智控"，综合人口、地理位置、垃圾处理水平等因素，科学规划布局智能密闭式地埋垃圾桶、移动式压缩中转站以及运输车。远程掌握垃圾桶、中转站内的垃圾数量、运输车辆行驶实时运输情况，提高可回收物和有害垃圾的收集处置率。

6.3.3 远期：推广零碳农宅和产能农宅，全面实现清洁供暖

在农村大力推广零碳农宅、产能农房，优化农村建造技术，全面实现清洁供暖。在清洁能源应用方面，推广农村智能微能源网，推广农村沼气综合利用技术，推广中心村镇生物质热电联供系统，推广可再生能源多能互补利用技术；在低碳生活方式方面，全面建设智慧乡村，实现农村垃圾资源回收再利用，打造"农村 + 农业"低碳生活休闲区。

（1）推广零碳农宅和产能农宅

远期阶段，我国农村建筑达到先进水平，人民生活水平有了较大的提升，建筑用能设备也提升到更高的服务水平和用能效率。经过近期阶段和中期阶段政策引导和技术市场推动，实现对于农村建筑新技术的引进，推进低碳节能材料的应用。在此阶段，伴随科技发展，优化农宅关键设备部品选择，大力推广零碳农宅、产能农宅建设。优化节能农宅技术，新建农宅全部实现节能农宅，在满足用户个性化需求同时实现能源的高效利用，进一步丰富可再生能源在农村住宅应用形式。

🖋 **典型案例**[98]

金斯潘住宅项目坐落于英国维特福德的建筑研究院创新园内，建筑面积为93m²（2+1层；两层标准层加顶层跃层）（图6.3-8）。

图 6.3-8　金斯潘零碳排放住宅项目

项目一期单体实验性住宅于2007年完工,项目运用了自身研发的TEK建筑系统——一种可用作墙体和楼屋面结构的高性能绝缘面板（SIP），其导热系数达到了0.11W/（$m^2 \cdot K$）且在50Pa压强下的气密性小于1m^3/（$h \cdot m^{-2}$）。因此金斯潘住宅的潜在热损失相较普通住宅减少了2/3。为了进一步减少相关热损失，该住宅的窗墙比仅为18%（普通住宅为25%～30%）。为了确保密闭情况下室内空气质量并防止夏季室内出现过热的情况，设计人员为金斯潘住宅提供了双通风系统：能够在春、夏和秋季为住宅内部提供被动式制冷和通风的风帽。金斯潘住宅还为住户提供了智能监控系统，以帮助他们记录能源使用的状况，并在提升住宅使用者环境意识和生活水平的同时，减少能源浪费，进一步降低人为能耗需求。

（2）全面实现农村清洁供暖

经过近期和中期发展，可再生能源利用得到很大提升。远期阶段，在农村住宅中将大量推广太阳能、浅层地能、水能、风能、沼气能等的利用，推广可再生能源多能互补利用技术，普及农村智能微能源网，切实提高可再生能源在农村住宅用能中的比重，全面实现农村清洁供暖，主要技术如图6.3-9所示。

 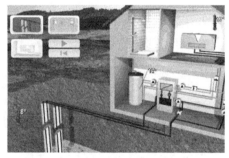

（a）热泵耦合太阳能技术　　　　　　　　（b）地源热泵技术

图6.3-9　主要清洁采暖技术

（3）打造"农村+农业"低碳生活模式

远期阶段，我国农村住宅基本实现能源清洁高效利用，低碳生活、和谐自然理念全面普及，在推广零碳农宅、产能农宅的基础上，将全面建成智慧乡村，数字化融入乡村生活的每个场景，打造"农村+农业"低碳生活休闲区，未来的乡村将成为安居乐业的美丽家园。

7
政策建议

7.1 政策法规体系

（1）完善能源、建筑相关法规体系

我国已制定了"2030年碳达峰、2060年碳中和"发展战略，从长远发展来看，未来建筑领域应从上位法的角度健全绿色低碳发展法规体系。建议修订《中华人民共和国节约能源法》，对建筑总能耗、碳排放提出控制要求，对建筑终端用能形成约束机制；清晰划分低碳发展、建筑节能工作相关主体部门之间的权力与责任，确保责任划分清晰，明确沟通协作机制；建立奖惩并行制度，从市场、政府、社会三个方面分别制定强制和奖励措施。此外，针对《中华人民共和国建筑法》，应针对"建筑节能"加入专项内容，从建筑业的整体层面提出建筑节能、绿色低碳发展工作的落实要求；对既有建筑中能耗超标的情况采取惩罚措施并要求强制改造，同时进一步明确建筑运营阶段物业公司等典型部门的义务与职责，确保建筑用能合规化与惩罚机制落实到位，整体促进能耗双控向碳排放总量和强度双控转变。

（2）增强绿色投融资领域政策激励

创新绿色投融资模式，引导银行保险业金融机构加大对绿色建筑、建筑节能等重点工作的融资支持，创新债券、保险、基金等传统金融工具的绿色化，同时建议构建绿色投资战略联盟，使相关机构均能够充分参与进来。在落地实施中，首先应在我国低碳城市试点中配套进行绿色金融改革，发挥政策制定、市场配套等多种协同作用，在全国低碳城市试点中着力推动绿色投融资机制，逐步完善推广政策体系、实施保障机制、培育节能服务企业等重点落实主体，拓宽其资金来源，提升其融资能力。鼓励地方政府开展绿色投融资领域激励政策的前期探索，视地区经济发展实际创新地方财政、税收等激励政策，形成国、地方多级联动的激励机制。

（3）加大重点领域、民生领域激励政策力度

对相比常规建筑节能工作起步较晚、对绿色低碳发展贡献度较大的重点领域加大政策扶持力度。具体包括以下领域：一是鼓励被动式低能耗建筑发展，对新建建筑提出更低的能耗要求；二是持续加强既有建筑改造工作，兼顾节能、环境、安全三方面同步提升，促进建筑寿命延长与品质提升；三是对可再生能源丰富且适宜应用的地区，依据实际节能效果落实奖励机制；四是对节能绿色

新技术新产品新产业、节能服务行业加大支持，提升产业化能力和市场化服务水平，如对购买或租赁高星级绿色公共建筑企业和个人予以融资支持，加强对市场消费行为的引导。

📝 **专栏 7.1-1**

做好扶持对象分析，确保有限的扶持用在最急需、最有效的领域和地区，保证扶持政策的精准使用，避免浪费和不恰当的激励。

例如，推广太阳能技术的过程中，因地制宜，太阳能资源丰富是制定相关推广政策的重要前提，日照不足的地区不强制推行。不以前期技术经济投入为衡量标准，最终以节能量为导向进行奖励，避免以过程为导向及不必要的成本投入。

对于节能企业进行重点扶持：对具有节能新技术，并具有较大节能潜力和效益的产业与企业进行场地、资金等支持，例如新型节能窗生产企业等。

对于建筑节能科研与咨询单位：适当建立专项资金，以及单位评奖评优体系，对表现优秀的单位实施奖励。

7.2　组织机制体系

（1）加强组织领导形成闭合管理机制

在碳达峰、碳中和战略引领下，建筑领域绿色低碳发展不仅仅是建设行政主管部门一方的职责，也涉及规划、发改、工信等多个相关部门，因此，建议进一步加强组织领导，增强组织领导能力与工作合力。建议国家层面成立建筑绿色低碳发展协调组/建筑领域碳达峰碳中和领导小组，统筹协调国家各相关部门，分工推进建筑领域绿色低碳发展相关工作。县级以上地方人民政府成立建筑绿色低碳发展/建筑领域碳达峰碳中和工作小组，加强统筹领导，细化工作职责，压实主体责任。以国家层面各相关政府部门为例，其配合建筑节能、绿色建筑等工作的职责分配如下（表7.2-1）：

城市绿色低碳建设工作部门职责分工表　　　　　　　　　　　　表 7.2-1

类别	工作职责
自然资源部门	在土地招拍挂和出让中明确建筑用地的能耗限额、碳排放限额指标
发改部门	节能评估和审查，在建筑立项审批的节能评估和审查中，增加审查能耗限额、碳排放限额等指标是否符合要求

类别	工作职责
财税部门	配合建设行政主管部门出台建筑节能低碳发展、绿色金融等扶持和激励政策
规划和行政主管部门	重点监督建筑能耗上限、碳排放限额、用能等指标
建设工程监管机构	保证工程设计的执行，确保工程满足质量要求
质量技术监管部门	节能技术与产品标准的制定和产品质量的高标准要求，确保市场产品达到节能、绿色、环保的要求
统计部门	配合建设行政主管部门（由住房和城乡建设部负责）统计建筑面积、供暖面积、建筑能耗、空置率和流动人口等，以及一次能源、碳排放量、国家行政区划和不同气候区的不同层面相关重要基础数据
气象部门	准确采集、整理城市及郊区的气象数据，并定期公示
科技部门	支持建筑绿色低碳发展领域的科学研究、技术产品攻关和研发
工信部门	推动建筑业绿色、低碳化发展，优化产业结构

（2）强化以绿色减排实际效果为导向的责任主体考核机制

对于建筑行业内相关主体和部门，建立以节能量及减碳量为结果导向的绩效评价与考核体系，并以建筑全生命期各阶段技术参数指标和运营阶段实际运行效果指标为考核依据。具体而言，绩效考核指标体系可分为四个维度，第一维度为能耗及碳排放总量/降低目标指标，包括全国/地区建筑能源消费及碳排放总量/降低目标、建筑各分项用能总量、建筑各品类能源消费总量；第二维度为能耗强度考核指标，包括北方城镇采暖单位面积能耗、公共建筑单位面积能耗等；第三维度主要为其他定量考核指标，包含人均建筑面积、城镇总供热面积、可再生能源替代率、农村居住建筑采用节能措施的比例；第四维度主要为定性类考核指标，包括能耗限额管理、能耗信息公示、能耗计量、能耗统计、碳交易市场机制、绿色金融机制等建立及应用效果。建议针对一、二维度指标严格考核，针对三、四维度指标制定稍低的考核权重或针对不同地区适时纳入考核体系。

（3）完善能源审计、信息披露等能耗管理制度体系

将能源审计、信息披露等市场机制纳入考核范围，作为落实降碳目标的重要抓手，并提高其贡献度。加强公共建筑用能管理制度体系建设，完善并细化能源审计、信息披露等相关制度。加大能耗普查及抽查力度，对超过能耗限额20%的公共建筑实施能源审计，并强制纳入节能及绿色改造范围。建立和完善能耗信息披露制度，对获得财政金融资金支持的既有公共建筑节能及绿色改造项目，强制开展信息披露，逐步开展大型公共建筑信息共享。完善节能服务企业、

第三方机构信用管理体系,建立信用承诺和信用审查制度,完善信息共享机制,实现信用数据归集共享,做好与信息公示系统的对接,加强失信联合惩戒。

7.3 技术标准体系

(1)加大可再生能源及智慧供热关键技术研发应用

加大可再生能源发电技术的应用规模。伴随技术进步、科技创新与产业发展,可再生能源发电成本已与煤电可比较,近十年,光伏平准化度电成本下降了81%,陆上风电成本下降了46%;预计2050年,光伏发电成本将比现在再降低60%,只有煤电的1/4;根据相关预测,2021—2025年,我国绝大多数地方实现光伏发电、陆上风电平价上网。由此可见,太阳能光伏、风电等技术前景优势可期,对降低建筑碳排放带来重大契机。

加快氢能在建筑上的应用。氢能具有灵活高效、清洁低碳、应用广泛的突出特点,日美欧多个国家已制定了氢能发展战略,储氢、运氢、加氢等氢能基础设施建设逐步加快,氢能正在成为全球争相发展的未来能源新星。在建筑供热领域,已有在现有天然气管道中掺杂氢气的实践探索,结果显示,满足建筑领域供热需求的前提下,碳排放量降低优势明显。因此,建议近中期实施中低比例掺氢,在氢气浓度(体积最高为10%~20%)相对较低的情况下,无需对基础设施和终端应用进行重大改变,投资成本较低单建筑供热减碳量明显;据测算,若混合比例为5%,每年将减少约20万吨二氧化碳排放。

加快智慧供热成套技术研发应用。推动新一代信息技术、人工智能技术与先进的供热技术深度融合,研发成套的智慧供热关键技术,建立供热管控一体化智慧服务平台,推动贯穿于供热设备制造、供热系统规划设计、供热系统建造、人才培养、供热运行维护、供热服务全寿命的各个环节及相应系统的优化集成,实现分时、分温、分区供热与合理用热。

(2)适当调整标准编制与实施机制

承接国家标准化改革要求,强化国家标准底线控制要求,精简政府标准规模,增加市场化供给,积极培育和发展团体标准、企业标准。在具体标准编制中,应以最终能耗总量和强度为控制目标,并且结合相关节能技术的快速发展,合理预测未来的约束值并发布。同时,对于未来不同阶段实施的不同值进行时间上的规划,不同阶段采用不同的约束。

✏️ **专栏 7.3-1**

目前标准普遍存在的问题是，不能够体现相关技术未来的发展趋势，对相关量化指标不能进行合理预测，因此，普遍存在两方面的问题：一是相关理论或技术研究成果在面对实际应用中不得不作出让步，导致最终效果打了折扣；二是市场上普遍流通的技术产品与相关标准对比，存在一定的滞后性，导致标准无法严格落实。标准的编制方法机制存在各管一段的现象，标准编制工作往往涉及到的生产企业较少，不能够代表广大一线企业的利益。

（3）加快节能、智慧、零碳等重点领域的重点标准编制

修编《民用建筑能耗标准》GBT 51161—2016，增加除办公建筑、旅馆建筑、商场建筑以外的其他公共建筑的能耗指标要求，以标准中明确的量化指标要求提升公共建筑能效水平。建议将《健康建筑评价标准》T/ASC 02—2016上升为国家标准，加大标准执行范围与执行力度，深入贯彻执行健康建筑理念，营造健康的建筑环境，推行健康的生活方式，实现建筑健康性能提升。基于新建建筑数量巨大、行政管理顺畅、节能效果持续时间长的特点，建议加大新建建筑节能设计标准的执行力度，同时加快执行速度。建议在"十四五"期间针对新建建筑执行较高的节能设计标准，促进在建筑建设之初就实现本体节能性能的"一步到位"。

在碳达峰、碳中和"30·60"目标驱动、国家大力发展数字经济、"新城建"建设等新形势下，建筑行业亟需通过数字化、智慧化方式实现转型，对全产业链进行更新、改造和升级，因此，应加强智慧建筑标准体系建设，加快编制实施智慧建筑技术标准、智慧建筑评价标准、智慧建筑验收标准等，形成全周期的智慧建筑标准体系。尽快编制出台国家标准《零碳建筑技术标准》，以"逐步迈向能碳双控、保持全口径碳覆盖"为原则，明确零碳建筑设计、建造、运行等全生命期关键技术体系，从根本上解决零碳建筑定义不明确、技术路线不清晰、评价方法缺失等关键问题，支撑零碳建筑快速发展。

7.4　市场机制体系

（1）创新绿色投融资市场机制

创新绿色投融资模式，引导银行保险业金融机构加大对绿色建筑、建筑节

能等重点工作的融资支持，创新债券、保险、基金等传统金融工具的绿色化，同时建议构建绿色投资战略联盟，使相关机构均能够充分参与进来。在落地实施中，首先应在我国低碳城市试点中配套进行绿色金融改革，发挥政策制定、市场配套等多种协同作用，在全国低碳城市试点中着力推动绿色投融资机制，逐步完善推广政策体系、实施保障机制、培育节能服务企业等重点落实主体，拓宽其资金来源，提升其融资能力。

> ✏️ **专栏 7.4-1——绿色投融资市场制度**
>
> 绿色金融改革试点可先从低碳城市试点中选择，原因主要是由于绿色低碳建设与绿色金融改革的最终目的一致，互相存在支持和依附的关系，二者同步开展才能获取最大的收益。
>
> 绿色金融改革主要能够达成以下目标：一是在传统金融机构中开发出绿色业务分支，形成绿色金融业务部门，同时支持创投、私募基金等境内外资本参与绿色投资。二是加快绿色信贷业务发展，同时在保险业创立环境责任类项目，在传统保险企业中开发绿色环境保险业务。三是构建企业排污权、碳排放权、能耗定额等交易市场，对相关企业建立环境保护信用档案，从而在社会中推广绿色信用体系，对企业绿色信用进行评价、定级等。四是地方政府应对绿色产业项目进行政策上的全面倾斜。通过放宽市场准入、公共服务定价等措施，完善收益和成本风险共担机制。

（2）加快建立碳排放权交易市场机制

2021年3月30日，生态环境部发布《关于公开征求〈碳排放权交易管理暂行条例（草案修改稿）〉意见的通知》（环办便函〔2021〕117号），碳排放交易提升到立法高度。在此法律框架下，建议尽快制定建筑领域碳排放计量及碳交易管理办法、实施细则，各省根据当地经济水平、产业结构、能源结构等实际因素出台具体分配细则，在《建筑碳排放计算标准》GB/T51366—2019规定下，明确建筑碳排放边界线划分、建筑碳排放组成内容、建筑碳排放基准线及具体交易规则。与此同时，明确管辖区内建筑整体碳排放限额、参与减排的建筑物的碳排放权及减排目标、相互调剂排放量等关键指标。建立试点先行先试，筛选典型建筑开展碳排放计量与交易，由点及面，逐步形成以碳交易市场机制为抓手、以成本效益最优的方式实现建筑碳减排任务。

> **✎ 专栏 7.4-2——碳排放权交易市场制度**
>
> 　　我国正式发布《碳排放权交易管理办法（试行）》，于 2021 年 2 月 1 日起正式施行。伴随管理办法颁布，未来应具有重大推广价值。
>
> 　　全国碳排放权交易市场已于 2021 年 7 月 6 日正式上线开始交易，一开始仅覆盖了首批 2000 多家电力控排企业，经过估算，仅仅占到了全国碳排放量的 40% 左右，由此可见，交易市场后续仍蕴含着巨大的体量，为银行等金融机构带来巨大的机遇和挑战。目前来看，后续仍需逐步完善碳排放权交易登记系统、交易系统，从而整体实现利用市场机制倒逼企业技术创新，减少碳排放强度。
>
> 　　截止 2021 年 8 月，我国已建成并投入使用包括北京在内的碳排放权交易试点共 7 个，已形成交易量 4.3 亿吨二氧化碳，总交易额接近 100 亿，丰富且成功的试点经验为全国推广奠定了基础。
>
> 　　全国碳排放权交易市场的正式开市具有重大意义，主要包含三方面：一是体现了我国应对气候变化在市场机制方面的重大创新与实践，对国际碳交易体系具有一定的贡献；二是为相关企业降低碳排放提供了途径；三是能够积极引导市场投资方向，使得技术和资金充分流向低碳行业。

（3）扎实推动人才培养与队伍建设

高校的人才培养是建筑节能工作的基石，建筑节能所涉及的具体专业众多，例如建筑学、结构工程、暖通、建筑电气、给排水等，所以为了培养建筑节能专业人才，应面向各专业开展通识性的课程，以真正实现建筑本体的绿色与节能。以专业人才队伍培养作为践行科技创新的重要力量支撑，建立形成建筑师源头设计与引导的建筑节能本体性能提升机制。此外，建议各地区成立省、市、县多层级的建筑节能推广培训中心，由当地建设行政管理部门主管，专门负责地区建筑节能、绿色低碳各项工作的宣传、推广、培训工作。采用政府采购或授权等多种形式，成立针对建筑节能的从业人员培训机构，包含政策、标准宣贯等业务，对参与培训人员进行严格的培训结业考核。

（4）实施建筑绿色低碳发展全民宣传教育行动计划

各级建设行政主管部门应积极与教育、新闻、文化等部门合作，借助于多种媒体工具定期发布建筑绿色低碳相关主题的宣传资料，制定宣传教育计划。对于城市内典型的示范性建筑或其他项目，充分发挥其宣传示范功能，定期对大众开放，培养人们的绿色低碳意识。以社区为单位开展宣传活动，以社区公益活动为组织形式，充分发挥社区服务的健全体制，并加入绿色低碳等宣传，使绿色低碳理念深入到居民的日常生活中。

✏️ **专栏 7.4-3——宣传教育行动计划**

　　住建部协同其他相关部委于 2020 年 7 月正式颁布了《绿色社区创建行动方案》（建城〔2020〕68 号）。此方案明确了创建目标，即"到 2022 年，绿色社区创建行动取得显著成效，力争全国 60% 以上的城市社区参与创建行动并达到创建要求，基本实现社区人居环境整洁、舒适、安全、美丽的目标"。

　　社区借助多手段的宣传推广，以社区居民为重要参与主体，因此，开展绿色社区创建行动是强化普通群众绿色低碳意识、营造良好舆论氛围的重要且有效途径。

参考文献

[1]   世界能源统计年鉴编委会 . 世界能源统计年鉴 2019：2018 年的中国能源市场 [M].2019.

[2]   联合国经济和社会事务部人口司 . 2018 年版世界城镇化展望 [M].2019.

[3]   International Energy Agency，2020 Global status report for buildings and construction. [M].2020.

[4]   杨佳 . 我国省域城镇民用建筑能耗及碳排放差异性研究 [D]. 重庆：重庆大学，2016.

[5]   刘刚，彭琛，刘俊跃 . 国外建筑节能标准发展历程及趋势研究 [J]. 建设科技，2015（14）：16-21.

[6]   余磊，徐舶闻，侯佳男 . 我国绿色建筑评价标准与英国 BREEAM 的比较性研究 [J]. 南方建筑，2019（3）：65-69.

[7]   蔡宗翰，任叶倩，施昱年 . 国内外建筑节能立法比较及启示 [J]. 法学杂志，2010，31（S1）：141-144.

[8]   李庆红，王亚东，王宇 . 我国绿色建筑评价标准与美国 LEED 对比及启示 [J]. 山西建筑，2019，45（11）：5-6.

[9]   周鑫腹，王猛猛，宋达，张春英，孙昌盛 . 绿色建筑评价体系：中日对比研究 [J]. 中外研究，2019（12）：30-40.

[10]   清华大学建筑节能研究中心 . 中国建筑节能年度发展研究报告 2020[M]. 北京：中国建筑工业出版社，2021.

[11]   中华人民共和国国家统计局 . 国民经济和社会发展统计公报 .

[12]   中国建筑节能协会 . 中国能耗研究报告 2020.

[13]   彭琛，江亿 . 中国建筑节能路线图 [M]. 北京：中国建筑工业出版社，2015.

[14]   张现苓，翟振武，陶涛 . 中国人口负增长：现状、未来与特征 [J]. 人口研究，2020，44（3）：3-20.

[15]   联合国人口司 . 世界人口展望 2019[R]. 纽约：联合国经济和社会事务部，2019.

[16]   孙文凯 . 家庭户数变化与中国居民住房需求 [J]. 社会科学辑刊，2020（6）：160-166.

[17]   夏长江 . 住房指标：国际比较的视角 [J]. 上海房地，2019（3）：51-56.

[18]   欧盟统计局 [EB/OL]. [2021-02-25]. https：//ec.europa.eu/eurostat.

[19]   Ronald B. Mitchell and the IEA Database Project. International Environmental Agreements（IEA）Database Project[DB/OL].[2021-02-25]. https：//www.iea.org/.

[20]   日本国土交通省 [EB/OL]. [2021-02-25]. http：//www.mlit.go.jp/.

[21]   孙文凯 . 家庭户数变化与中国居民住房需求 [J]. 社会科学辑刊，2020（6）：160-166.

[22] 国家卫生和计划生育委员会.中国家庭发展报告 2015[M].北京:中国人口出版社, 2015.

[23] 国务院关于印发全国国土规划纲要（2016—2030 年）的通知 [J].中华人民共和国国务院公报，2017（6）：35-64.

[24] 中华人民共和国住房和城乡建设部.中国城乡建设统计年鉴 [M].北京:中国计划出版社，2018.

[25] Lee S, Lee B. The influence of urban form on GHG emissions in the US household sector[J]. Energy Policy，2014，68：534-549.

[26] Makido Y, Dhakal S, Yamagata Y. Relationship between urban form and CO_2 emissions: evidence from fifty Japanese cities[J]. Urban Climate, 2012，2：55-67.

[27] 解扬，陈骁，张杰.节能视角下城市居住用地最优容积率研究 [A].中国城市规划学会、东莞市人民政府.持续发展 理性规划——2017 中国城市规划年会论文集（11 城市总体规划）中国城市规划学会、东莞市人民政府:中国城市规划学会，2017:11.

[28] 苗蕾.碳审计研究述评 [J].财政监督，2020（24）：82-85.

[29] 江亿.我国北方供暖能耗和低碳发展路线 [J].中国建设报，2019，15（7）.

[30] 赵文瑛，于长友，唐飞，姜士宏.北方地区冬季清洁取暖进展及展望 [J].石油规划设计，2020，31（3）：18-22.

[31] 中国城市科学研究会.中国绿色建筑 2019[M].北京:中国建筑工业出版社，2019.

[32] 俞允凯.中国城镇建筑能耗现状、趋势与节能对策建议 [D].西安:长安大学，2009.

[33] 张虹.承德热力集团供热计量收费管理研究 [D].北京:华北电力大学，2014.

[34] 中国建筑节能协会.2019 中国建筑能耗研究报告 [J].建筑，2020，5（4）.

[35] 方豪，夏建军等.北方城市清洁供暖现状和技术路线研究 [J].区域供热,2018,26（2）.

[36] 田兴涛.智慧供热系统关键技术浅析 [J].中外能源，2017，15（11）.

[37] 马翠亚.智慧供热技术及应用 [C].2019 供热工程建设与高效运行研讨会论文集（下），2019，21（4）.

[38] 徐朋业，宋飏等.智慧供热平台在沈阳惠天棋盘山公司的应用 [J].供热制冷，2017.

[39] 钟崴，郑立军等.基于"数字孪生"的智慧供热技术路线 [J].华电技术,2020,25（11）.

[40] 海阳市新老城区 450 万平方米核能供暖项目预计 10 月试压运行.https://mp.weixin.qq.com/s/Evhqy2796FhE1g4aPeSDzg.

[41] 清华大学建筑节能研究中心.中国建筑节能年度发展研究报告 2021[M].北京:中国建筑工业出版社，2021.

[42] 中华人民共和国住房和城乡建设部.住房城乡建设科技创新"十三五"专项规划.[2017-8-17]. http://www.mohurd.gov.cn/wjfb/201708/t20170828_233070.html.

[43] GB 50189—2005.中华人民共和国住房和城乡建设部.公共建筑节能设计标准 [S].北京:中国建筑工业出版社，2005.

[44] 中华人民共和国住房和城乡建设部 . 关于切实加强政府办公和大型公共建筑节能管理工作的通知 .

[45] 上海市人民政府 . 关于加快推进本市国家机关办公建筑和大型公共建筑能耗监测系统建设的实施意见 . [2012-5-11]. https：//www.shanghai.gov.cn/nw30650/20200820/0001-30650_32171.html.

[46] 中华人民共和国建设部，中华人民共和国财政部 . 关于加强国家机关办公建筑和大型公共建筑节能管理工作的实施意见 [J]. 中国建设信息，2007，000（11S）：47-48.

[47] "十二五"节能减排综合性工作方案 [J]. 上海节能，2011（10）：2-8.

[48] 建筑节能与绿色建筑发展"十三五"规划 [J]. 建筑监督检测与造价，2017，10（1）：1-9.

[49] Zhu J，Li D . Current Situation of Energy Consumption and Energy Saving Analysis of Large Public Building[J]. Procedia Engineering，2015，121：1208-1214.

[50] Jiang P . Analysis of national and local energy-efficiency design standards in the public building sector in China[J]. Energy for Sustainable Development，2011，15（4）：443-450.

[51] Chan A L S，Chow T T，Fong K F，et al. Investigation on energy performance of double skin facade in Hong Kong[J]. Energy and Buildings，2009，41（11）：1135-1142.

[52] Yang L，Lam J C，Tsang C L . Energy performance of building envelopes in different climate zones in China[J]. Applied Energy，2008，85（9）：800-817.

[53] Yu J，Liu Y，Xiong C，et al. Study on Daylighting and Energy Conservation Design of Transparent Envelope for Office Building in Hot Summer and Cold Winter Zone[J]. Procedia Engineering，2015：1642-1649.

[54] 杨泉 . 建筑自然采光产品应用技术浅析 [J]. 墙材革新与建筑节能，2019（9）：29-34.

[55] 宋立朋，付强 . 电梯节能技术发展及应用 [J]. 农家参谋，2020（1）：153.

[56] Ali GhaffarianHoseini, Tongrui Zhang, Okechukwu Nwadigo. Application of nD BIM Integrated Knowledge-based Building Management System（BIM-IKBMS）for inspecting post-construction energy efficiency[J]. Renewable and Sustainable Energy Reviews，2017.

[57] Fan C，Xiao F，Yan C . A framework for knowledge discovery in massive building automation data and its application in building diagnostics[J]. Automation in Construction，2015，50（feb.）：81-90.

[58] Png E，Srinivasan S，Bekiroglu K，et al. An internet of things upgrade for smart and scalable heating，ventilation and air-conditioning control in commercial buildings[J]. Applied Energy，2019，239（APR.1）：408-424.

[59] Hu S，Yan D，Azar E，et al. A systematic review of occupant behavior in building energy policy[J]. Building and Environment，2020.

[60] 龙惟定 . 我国城市建筑碳达峰和碳中和路径 . 第十三届同济建筑能源学术日，2021 年 3 月 .

[61] 司卫平 . 浅析绿色建筑材料的发展与应用 [J]. 河南建材，2013（1）：80-81.

[62] 伍圣超，郑开丽，龚煜廉，夏洪流，冯雪雯 . 绿色建材麦秸板及其复合墙体声学性能试验研究 [J]. 建筑科学，2016，32（8）：127-132.

[63] 张经卫 . 提高空调制冷系统效率的方法 [J]. 科技视界，2015（19）：72-72.

[64] 荆树春，宋吉民，白丽丽 .LED 智能照明系统的节能研究 [J]. 节能，2019，38（11）：48-50.

[65] 李乾龙，龙馨，龙光利 . 基于物联网的中央空调末端温控器 [J]. 物联网技术，2020，10（4）：100-102，105.

[66] 刘文锋 . 智能建造关键技术体系研究 [J]. 建设科技，2020（24）：72-77.

[67] 王统辉 . 智能建造与建筑工业化协同管理体系浅论 [J]. 中国住宅设施，2020（11）：58-59，82.

[68] 十三部委发文：推动智能建造与建筑工业化协同发展 [J]. 城市开发，2020（14）：76-78.

[69] 七部门联合发布《关于构建绿色金融体系的指导意见》[J]. 中国煤炭，2016，42（10）：11.

[70] 新华社 . 努力将上海打造成联通国内国际双循环的绿色金融枢纽——专访上海市委常委、副市长吴清 . [2021-3-21]. https：//www.cneeex.com/c/2021-03-21/490909.shtml.

[71] 金花，袁光英，王龙 . 高分子环保复合材料在建筑隔热中的应用综述 [J]. 皮革与化工，2021，38（1）：35-39.

[72] 孙育英，戚皓然，王伟，徐文静 . 电致变色智能窗在北京某办公室应用的节能特性分析 [J]. 北京工业大学学报，2020，46（4）：385-392.

[73] 《绿色高效制冷行动方案》[J]. 标准生活，2019（6）：22-25.

[74] 陈建飚，钟世权 . 广州白云国际机场二号航站楼 [J]. 智能建筑电气技术，2020，14（4）：86-92.

[75] 郝斌，光储直柔：未来建筑新型能源系统，第十三届同济建筑能源学术日，2021 年 3 月 .

[76] 苗蕾 . 碳审计研究述评 [J]. 财政监督，2020（24）：82-85.

[77] SCHNIEDERS J，FEIST W，RONGEN L，Passive houses for different climate zones[J]. Energy & buildings，2015，105：71-87.

[78] 冯国会，徐小龙，王悦，王楷然 . 沈阳建筑大学学报（自然科学版），2018.

[79] 胡璘 . 建筑平面、体形、朝向与节能 . 建筑学报，1981（6）：37-41.

[80] 蔡君馥等 . 住宅节能设计 . 北京：中国建筑工业出版社，1991.

[81] 杨焱 . 居住建筑节能设计优化与评价研究 [D]. 华北水利水电大学，2018.

[82] 李晗，吴家正，赵云峰，黄锦，李铮伟，阮应君 . 建筑布局对住宅住区室外微环境的影响研究 [J]. 建筑节能，2016，44（3）：57-63.

[83] 甘犁 . 2017 中国城镇住房空置分析 [R]，中国家庭金融调查与研究中心 .2018.12.21.

[84] 肖志平.家用电器超低待机功耗的技术研究与实现 [D].

[85] 青岛晚报.青岛试点住宅小区立体绿化,让居民有更多绿色获得感.[EB/OL]. http：//news.qingdaonews.com/qingdao/2018-09/05/content_20206831.htm,2018.9.5.

[86] 中国建筑节能年度发展报告 2020.

[87] 盛敏佳,李富荣,蒋顺岭,支正东,胡艳丽.农村住宅节能现状及低碳路径分析 [J].安徽建筑,2019（11）: 153-155.

[88] 中国建筑节能协会.2019 中国建筑能耗研究报告.

[89] 《中国能源统计年鉴》全国能源平衡表 2009 ~ 2018 数据整理.

[90] 清华大学建筑节能研究中心.中国建筑节能年度发展研究报告.2011 ~ 2020 数据整理.

[91] 国务院新闻办.中华人民共和国成立 70 周年能源发展成就发布会 [EB/OL].（2019-09-20）[2020-03-07].http：//www.gov.cn/xinwen/2019/09/20/content_5431689.htm#1.

[92] 陈鸣镝.实施建筑节能改造是农村清洁供暖可持续发展的关键 [J].区域供热,2019（4）: 37-45.

[93] 翟紫含,付军.西部少数民族地区农村生活能源消费特征: 基于四川凉山州住户调查数据的分析 [J].资源科学,2016（4）: 622-630.

[94] 李国志.农村居民节能家电购买行为的影响因素 [J].郑州航空工业管理学院学报,2016（34）: 79-84.

[95] 改善农村住宅结构 助推美丽乡村建设: 国瑞钢结构装配式低层绿色农房 [EB/OL]. https：//www.sohu.com/a/256923087_100175001.

[96] 王晓林.论节约型农业的发展途径.当代生态农业,2009（Z1）.

[97] 国内首例成片农村民居屋顶光伏分布并网发电系统投入试运行 [EB/OL]. http：//www.nea.gov.cn/2012-11/15/c_131975639_4.htm.

[98] 陈冰,康健.零碳排放住宅: 金斯潘住宅案例分析 [J].世界建筑,2010（2）: 60-63.

[99] 钱立华,鲁政委,方琦.绿色金融 我国气候投融资的发展现状、问题及建议 [EB/OL]. http：//finance.sina.com.cn/roll/2019-09-24/doc-iicezueu8055304.shtml,2019-09-24/2021-01-07）.

[100] 中华人民共和国财政部.国务院常务会议决定在部分省（区）建设绿色金融改革创新试验区等 [EB/OL]. http：//www.mof.gov.cn/zhengwuxinxi/caizhengxinwen/201706/t20170615_2623473.htm,2017-06-15/ 2021-01-07.

[101] 中华人民共和国生态环境部.碳排放权交易管理办法（试行）[EB/OL]. http：//www.mee.gov.cn/xxgk2018/xxgk/xxgk02/202101/t20210105_816131.html,2021-01-05/2021-01-07.

[102] 王帆.解读 生态环境部发布《碳排放权交易管理办法（试行）》,将制定碳排放配额总量 [EB/OL]. https：//finance.sina.com.cn/tech/2021-01-05/doc-iiznctkf0330064.shtml,

2021-01-05/ 2021-01-07.

[103] 中华人民共和国住房和城乡建设部 . 住房和城乡建设部等部门关于印发绿色社区创建行动方案的通知 [EB/OL]. http：//www.mohurd.gov.cn/wjfb/202007/t20200729_246580.html，2020-07-22/ 2021-01-07.

图书在版编目（CIP）数据

建筑领域绿色低碳发展技术路线图 = Technique
Roadmap for Green and Low Carbon Development of
Urban–rural Construction / 周海珠，李以通，李晓萍
主编；张成昱，魏兴，陈晨副主编 . — 北京：中国建
筑工业出版社，2021.11（2023.11重印）
ISBN 978-7-112-26583-1

Ⅰ.①建… Ⅱ.①周…②李…③李…④张…⑤魏
…⑥陈… Ⅲ.①生态建筑—研究—中国 Ⅳ.① TU-023

中国版本图书馆 CIP 数据核字（2021）第 188850 号

责任编辑：张幼平 费海玲
责任校对：张 颖

建筑领域绿色低碳发展技术路线图

Technique Roadmap for Green and Low Carbon Development of Urban-rural Construction
主 编：周海珠 李以通 李晓萍
副主编：张成昱 魏 兴 陈 晨
＊
中国建筑工业出版社出版、发行（北京海淀三里河路9号）
各地新华书店、建筑书店经销
北京点击世代文化传媒有限公司制版
建工社（河北）印刷有限公司印刷
＊
开本：787毫米×1092毫米 1/16 印张：11¾ 字数：246千字
2022年2月第一版 2023年11月第二次印刷
定价：58.00 元
ISBN 978-7-112-26583-1
　　（38059）